普通高等教育"十三五"规划教材

# 大学计算机信息素养基础实验指导

主　编　姚晓杰　黄海玉　张　宇

中国水利水电出版社

www.waterpub.com.cn

·北京·

## 内 容 提 要

　　《大学计算机信息素养基础实验指导》是与《大学计算机信息素养基础》配套使用的一本实验指导教材，主要介绍与《大学计算机信息素养基础》中各章的基本理论、基本操作和基本应用相关的操作知识。

　　本书从实用出发，针对各章的难点、重点和常见问题设计了丰富的实验内容，以实例为主线，对实际操作过程和操作结果配有详细的文字和图片说明，并布置了操作性强的练习，方便学生课上及课余学习使用。

　　本书主要内容包括：计算机的基础知识，Windows 的基本操作，Word、Excel、PowerPoint、Access 等几个常用办公软件的使用，计算机网络基础知识和程序设计初步。

　　本书适合作为普通高等院校本科及高职高专院校的学生学习计算机基础知识和常用办公软件的上机实验教材，也可以供相关读者作为自学参考书。

图书在版编目（CIP）数据

大学计算机信息素养基础实验指导 / 姚晓杰，黄海玉，张宇主编. -- 北京：中国水利水电出版社，2018.9（2020.8 重印）
普通高等教育"十三五"规划教材
ISBN 978-7-5170-6861-7

Ⅰ．①大… Ⅱ．①姚… ②黄… ③张… Ⅲ．①电子计算机－高等学校－教学参考资料 Ⅳ．①TP3

中国版本图书馆CIP数据核字(2018)第209237号

策划编辑：石永峰　　　责任编辑：周益丹　　　封面设计：李　佳

| 书　　名 | 普通高等教育"十三五"规划教材<br>大学计算机信息素养基础实验指导<br>DAXUE JISUANJI XINXI SUYANG JICHU SHIYAN ZHIDAO |
| --- | --- |
| 作　　者 | 主编　姚晓杰　黄海玉　张宇 |
| 出版发行 | 中国水利水电出版社<br>（北京市海淀区玉渊潭南路 1 号 D 座　100038）<br>网址：www.waterpub.com.cn<br>E-mail：mchannel@263.net（万水）<br>　　　　sales@waterpub.com.cn<br>电话：（010）68367658（营销中心）、82562819（万水） |
| 经　　售 | 全国各地新华书店和相关出版物销售网点 |
| 排　　版 | 北京万水电子信息有限公司 |
| 印　　刷 | 三河市航远印刷有限公司 |
| 规　　格 | 184mm×260mm　16 开本　13 印张　323 千字 |
| 版　　次 | 2018 年 9 月第 1 版　2020 年 8 月第 3 次印刷 |
| 印　　数 | 6001—11000 册 |
| 定　　价 | 40.00 元 |

凡购买我社图书，如有缺页、倒页、脱页的，本社营销中心负责调换

# 前　　言

随着信息技术在社会各个领域的应用和普及，计算机已成为人们工作、学习和生活中不可缺少的重要工具。掌握计算机基础知识及应用也是当代信息社会的普遍要求。"大学计算机信息素养"是高等学校各专业学生的必修课程，其在培养学生的计算机能力与素质方面具有基础性和先导性的重要作用。

《大学计算机信息素养基础实验指导》是与《大学计算机信息素养基础》配套使用的一本辅助教材，是编者们在总结多年的计算机基础课程教学经验和教学改革实践的基础上编写而成。

全书共分八章：

第1章介绍计算机的基础知识，包括计算机系统基本组成、计算机的启动和退出操作、计算机的鼠标和键盘的使用、打字基础等内容。

第2章介绍计算机操作系统的基本知识，以 Windows 10 为基础介绍 Windows 操作系统的相关知识点和操作技能。

第3章介绍 Word 文字处理软件的使用，包括文本、段落和页面的基本编辑、排版及高级使用技巧等。

第4章介绍 Excel 电子表格软件的使用，包括基本数据的录入、公式和函数的使用、表格的格式化、数据管理和图表操作等。

第5章介绍 PowerPoint 演示文稿软件的使用，包括演示文稿的设计、制作和播放等一系列操作。

第6章介绍 Access 数据库软件的使用，包括数据库的基础知识、Access 数据库基本操作和主要功能。

第7章介绍计算机网络的基础知识。通过实例说明网络的基本设置和应用、邮箱的申请和邮件的收发、搜索引擎的使用、文件的上传和下载等常用网络操作。

第8章介绍程序设计初步，主要包括程序设计基本概念、基本结构，以及流程图、框图等。

本书内容丰富、阐述详尽、通俗易懂，书中各章的实验内容和练习均结合实际案例，引入相关的知识点、常用操作技能。学生既可以在教师的指导下完成实验任务，又可以通过书中的说明自己动手完成实验，达到自学的目的。通过实验环节可加深和巩固理论知识，使学生在较短的时间内快速、全面地掌握日常工作、学习和生活中所需要的计算机基本知识和常用技能。

本书由姚晓杰、黄海玉、张宇主编，参与本书编写工作的老师还有王立武、姜雪、王毅、朱姬凤、于鲁佳。具体分工如下：第1章由王立武编写，第2章由姜雪编写，第3章由黄海玉编写，第4章由姚晓杰编写，第5章由王毅编写，第6章由朱姬凤编写，第7章由于鲁佳编写，第8章由张宇编写。

本书在编写中使用了大量教学环节中的教案，参考了大量的资料，在此对各位老师表示感谢。由于时间仓促及作者水平有限，书中尚存不完善和疏漏的地方，恳请广大读者批评指正。

编者

2018 年 6 月

# 目　　录

# 第1章 计算机基础知识

## 实验 1 金山打字通软件的使用

启动金山打字通软件，将出现的界面，如图 1-1 所示。

图 1-1 金山打字通软件

### 一、实验目的

（1）熟练掌握金山打字通软件的使用方法。
（2）熟悉键盘的布局，掌握正确的键盘打字方法。

### 二、实验准备

安装金山打字通 2016 软件。

### 三、实验内容及步骤

**1. 熟悉键盘**

学会用正确的键盘指法打字，对以后在使用计算机时是很重要的。正确的指法有利于快速实现盲打，而不用一直看着键盘打字。

（1）认识键盘。键盘是计算机的标准输入设备，常用的键盘有 101、104 键等多种。键盘按照功能的不同，分为"主键盘区""功能键区""控制键区""状态指示区""数字键区"5 个区域。键盘的界面，如图 1-2 所示。

功能键区　　　　　　　　　　　　　　　　　　　　状态指示区

主键盘区　　　　　　　　　　　　控制键区　　　　数字键区

图 1-2　键盘的界面

（2）正确的打字姿势。

● 屏幕及键盘应该在你的正前方，不应该让脖子及手腕处于倾斜的状态。

● 屏幕的中心应比眼睛的水平低，屏幕离眼睛最少要有一个手臂的距离。

● 要坐直，不要半坐半躺。

● 大腿应尽量保持于前手臂平行的姿势。

● 手、手腕及手肘应保持在一条直线上。

● 双脚轻松平稳放在地板或脚垫上。

● 座椅高度应调到你的手肘有近 90 度弯曲，使手指能够自然地架在键盘的正上方。

● 腰背贴在椅背上，背靠斜角保持在 10～30 度左右。

正确的打字姿势，如图 1-3 所示。

图 1-3　正确的打字姿势

（3）基准键位。主键盘区有 8 个基准键位，分别是[A][S][D][F][J][K][L][;]。如图 1-4 所示。

图 1-4　基准键位

打字之前要将左手的小指、无名指、中指、食指分别放在[A][S][D][F]键上；将右手的食指、中指、无名指、小指分别放在[J][K][L][;]键上；两个拇指轻放在空格键上。

（4）手指分工。打字时双手的 10 个手指都有明确的分工，只有按照正确的手指分工打字，才能实现盲打和提高打字速度。手指分工，如图 1-5 所示。

图 1-5　手指分工

（5）主键盘区击键方法。主键盘区两手正确的击键方法，如图 1-6 所示。

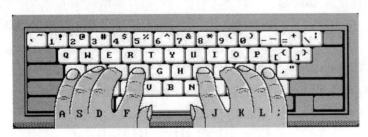

图 1-6　两手正确的击键方法

键盘指法击键步骤：

第 1 步　将手指放在键盘上（手指放在八个基本键上，两个拇指轻放在空格键上）。

第 2 步　练习击键。

例如要打 D 键，方法是：

● 提起左手约离键盘 2 厘米；

● 向下击键时中指向下弹击 D 键，其他手指同时稍向上弹开，击键要能听见响声。

击其他键类似打法，请多体会。养成正确的习惯很重要，而错误的习惯则很难改正。

第 3 步　练习熟悉八个基本键的位置（请保持第 2 步正确的击键方法）。

第 4 步　练习非基本键的打法。

例如要打 E 键，方法是：

- 提起左手约离键盘 2 厘米；
- 整个左手稍向前移，同时用中指向下弹击 E 键，同一时间其他手指稍向上弹开，击键后四个手指迅速回位，注意右手不要动，其他键类似打法。

第 5 步　　继续练习，达到即见即打水平。

① 键盘左半部份由左手负责，右半部份由右手负责。

② 每一只手指都有其固定对应的按键：

- 左小指：[`][1][Q][A][Z]；
- 左无名指：[2][W][S][X]；
- 左中指：[3][E][D][C]；
- 左食指：[4][5][R][T][F][G][V][B]；
- 左右拇指：空格键；
- 右食指：[6][7][Y][U][H][J][N][M]；
- 右中指：[8][I][K][,]；
- 右无名指：[9][O][L][.]；
- 右小指：[0][-][=][P][[][]][;][']][/][\]。

③ [A][S][D][F][J][K][L][;]八个按键称为"导位键"，可以帮助您经由触觉取代眼睛，用来定位您的手或键盘上其他的键，亦即所有的键都能经由导位键来定位。

④ Enter 键在键盘的右边，使用右手小指按键。

⑤ 有些键有两个字母或符号，如数字键常用来键入数字及其他特殊符号，用右手打特殊符号时，左手小指按住 Shift 键，若以左手打特殊符号，则用右手小指按住 Shift 键。

（6）数字键区击键方法。数字键区又称为小键盘。小键盘的基准键位是"4，5，6"，分别由右手的食指、中指和无名指负责。在基准键位基础上，小键盘左侧自上而下的"7，4，1"三键由食指负责；同理中指负责"8，5，2"；无名指负责"9，6，3"和"."；右侧的"-、+、↵"由小指负责；拇指负责"0"。小键盘指法分布图，如图 1-7 所示。

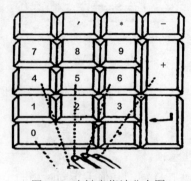

图 1-7　小键盘指法分布图

2．英文打字

（1）英文字母大小写。英文字母有两种状态：大写英文字母、小写英文字母；要切换英文字母的大小写，要用到 Caps Lock 键。

Caps Lock（大写字母锁定键，也叫大小写换挡键）：位于主键盘区最左边的第三排。如图 1-8 所示。每按一次 Caps Lock 键，英文大小写字母的状态就改变一次。

图 1-8　主键盘区

Caps Lock 键还有一个信号灯，位于键盘的"状态指示区"，如图 1-9 所示。上部标有 Caps Lock 的那个信号灯亮了，就是大写字母状态，否则为小写字母状态。

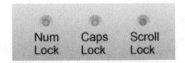

图 1-9　Caps Lock 键信号灯

（2）提高英文打字速度。提高打字速度的前提是，在平时的指法训练中，要求坐姿端正、指法正确。英文字母录入的基本要求一是准确、二是要快速。

正确的指法、准确地击键是提高输入速度和正确率的基础。不要盲目追求速度。在保证准确的前提下，速度的要求是：初学者为 100 字符/分钟，150 字符/分钟为及格，200 字符/分钟为良好，250 字符/分钟为优秀。

3．拼音打字

（1）可以有以下两种方法选择中文输入法：

① 使用语言工具栏：在语言栏中单击"中文"按钮（图 1-10），调出如图 1-11 所示的输入法菜单，单击所需要的输入法命令，调出输入法。

图 1-10　中文按钮

图 1-11　输入法菜单

② 使用快捷键：使用 Ctrl+Space 快捷键在中文和英文输入法之间切换；使用 Ctrl+Shift 快捷键在各种输入法之间切换。

（2）设置输入法。可以为经常使用的输入法设置热键。设置方法为：

① 在输入法状态条上右击，将弹出一个快捷菜单，如图 1-12 所示。

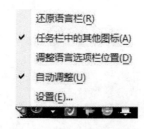

图 1-12　输入法快捷菜单

② 在快捷菜单中单击"设置"选项，将出现如图 1-13 所示的"文本服务和输入语言"对话框。选择"高级键设置"将页面切换到"高级键设置"页，如图 1-14 所示。

图 1-13　"文本服务和输入语言"对话框

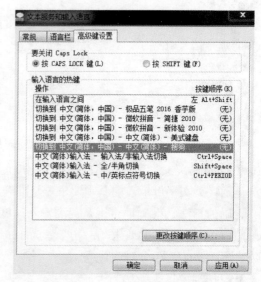

图 1-14　"高级键设置"选项卡

③ 在如图 1-14 的对话框中，选择"输入语言的热键"栏中"切换到中文（简体，中国）-中文（简体）-搜狗拼音输入法"，单击"更改按键顺序"按钮，将出现"更改按键顺序"对话框，如图 1-15 所示。

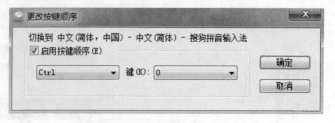

图 1-15　"更改按键顺序"对话框

④ 单击"启用按键顺序"复选框，选择热键：Ctrl+O，单击"确定"按钮，保存更改并关闭此对话框，返回如图 1-16 所示的对话框。

⑤ 这时，可以按 Ctrl+O 组合键，在搜狗拼音输入法和英文输入法之间切换了。

（3）删除输入法。为了提高操作速度，可以对 Windows 默认的输入法进行添加或删除，只保留常用的输入法。

① 在输入法状态条上右击，将弹出一个快捷菜单，如图 1-17 所示。

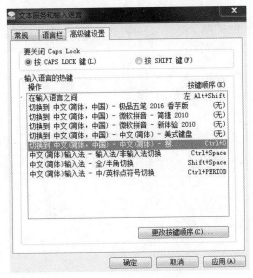

图 1-16 "高级键设置"选项

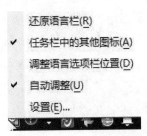

图 1-17　输入法快捷菜单

② 在快捷菜单中单击"设置"选项，将出现如图 1-18 所示的"文本服务和输入语言"对话框。

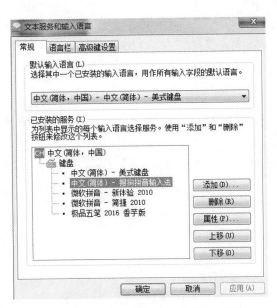

图 1-18　"文本服务和输入语言"对话框

③ 在对话框中，选择"中文（简体）-搜狗拼音输入法"，单击"删除"按钮，表示要删除该输入法。

④ 如果要删除多种输入法，可以重复第③步操作，最后单击"确定"按钮。

（4）输入法状态条的使用。所有的汉字输入法的状态条上都有 5 个按钮，如图 1-19 所示。从左向右依次为："中文/英文"切换、"中文输入"状态、"全角/半角"切换、"中文/英文标点"切换、"软键盘"。

图 1-19  "输入法状态条"界面

切换方法：除了可以使用鼠标单击按钮在其相应的两个状态之间切换，还可以使用快捷键。

① 中文/英文标点切换：按 Ctrl+ . 键；

② 全角/半角切换：按 Shift+Space 键；

③ 中文和英文大写切换：在中文输入状态下，按 Caps Lock 键。

4. 五笔打字

（1）键盘的字根表。五笔就是把汉字拆分成 5 个字根，分别为：横、竖、撇、捺、折。所有汉字都可以用这五个笔画组成。而这五个笔画又可以分为许多不同的字根，分布在键盘上的五个区的二十五个键中。

英文有 26 个字母，在电脑键盘上有这 26 个字母的对应位置。在五笔输入法中，除了 Z 是万能键之外，还剩下 25 个字母，这 25 个字母分为 5 个区：

① 横区（G、F、D、S、A）；

② 竖区（H、J、K、L、M）；

③ 撇区（T、R、E、W、Q）；

④ 捺区（或点区）（Y、U、I、O、P）；

⑤ 折区（N、B、V、C、X ）。

键盘的字根表如图 1-20 所示。

图 1-20  键盘的字根表

（2）字根表的含义。

字根表的规律：字根的第一笔为横的，基本集中在横区，例如王、土、石、木、工等；字根第一笔为竖的，基本集中在竖区，例如目、日、口、田、甲、山等；撇区、捺区、折区的规律亦依此类推。

第二个规律：一横，在横区的第一个键 G 上，二横在横区的第二个键 F 上，三横在横区的第三个键 D 上；一竖，在竖区的第一个键 H 上，二竖在竖区的第二个键 J 上，三竖在竖区的第三个键 K 上；撇区、捺区、折区的规律亦依此类推。

第三个规律：字根具有近似性的，基本都是放在一起的，例如土、士、二、十、干等集中在 F 键上；田、甲、四、皿等字根具有近似性，集中放在 L 键上。依此类推，所有的字根基本都是将类似的放在一起的。

五笔输入法的神奇之处是当练习到一定程度的时候，会形成肌肉记忆。这个肌肉记忆是指，当看到某一个字的时候，手指就会无意识地直接就把这个字打出来，至于为什么是这样打，可能还要想一阵才会想出来。

（3）五笔字根歌。掌握了上述规律之后，再按照每个键的具体内容，记住五笔字根歌，如图 1-21 所示。不需要刻意去记某一个字根在哪里了，只需要大概知道有哪些字根，然后这些字根分别大概在哪些位置就行了。

| 1区　横起笔字根 | 2区　竖起笔字根 | 3区　撇起笔字根 | 4区　捺起笔字根 | 5区　折起笔字根 |
|---|---|---|---|---|
| 11G　王旁青头戋五一 | 21H　目具上止卜虎皮 | 31T　禾竹一撇双人立<br>反文条头共三一 | 41Y　言文方广在四一<br>高头一捺谁人去 | 51N　已半巳满不出己<br>左框折尸心和羽 |
| 12F　土士二干十寸雨 | 22J　日早两竖与虫依 | 32R　白手看头三二斤 | 42U　立辛两点六门疒 | 52B　子耳了也框向上 |
| 13D　大犬三羊古石厂 | 23K　口与川，字根稀 | 33E　月衫乃用家衣底 | 43I　水旁兴头小倒立 | 53V　女刀九臼山朝西（彐） |
| 14S　木丁西 | 24L　田甲方框四车力 | 34W　人和八，三四里 | 44O　火业头，四点米 | 54C　又巴马，丢失矣 |
| 15A　工戈草头右框七 | 25M　山由贝，下框几 | 35Q　金勾缺点无尾鱼<br>犬旁留儿一点夕 | 45P　之宝盖，道建底<br>摘礻（示）衤（衣） | 55X　慈母无心弓和匕<br>幼无力（幺） |

图 1-21　五笔字根歌

（4）五笔打字方法。

① 将汉字拆解成字根。

汉字无非分为：上下、左右和杂合三种结构。拆分规则是：左右结构的先左后右；上下结构的话先上后下；杂合结构的先外后内。

比如"杜"字拆分成"木"和"土"，"栗"字拆分成"西"和"木"。

对于有些特殊的字，如果不太好拆，搜索一下它的字根，就会有一种豁然开朗的感觉。将汉字拆解成字根的例子，如图 1-22 所示。

图 1-22　拆解成字根的例子

② 末笔识别码。末笔识别不太好理解，举个例子吧，比如"村"和"杜"，这个字的拆分都是 S+F，这时候就需要用到末笔识别码。

在五笔中，将字形分成三种类型，左右、上下、杂合，在打字的时候遇到重码的时候，就需要加上末笔识别码。如果这个字是左右结构，它的最后一笔是捺，我们就加上 Y，比如"村"字。如果这个字是上下结构，它的最后一笔也是捺，比如"杰"，那么末笔识别就加上 U。

浅显的理解就是每个字都有最后一笔，其最后一笔需要在五个笔画的基础上，结合字体的三个结构给予识别码，末笔笔画+结构＝末笔识别码。末笔识别码，如图 1-23 所示。

| 字型<br>末笔 | 左右<br>1 | 上下<br>2 | 杂合<br>3 |
|---|---|---|---|
| 横 1 | 11（G） | 12（F） | 13（D） |
| 竖 2 | 21（H） | 22（J） | 23（K） |
| 撇 3 | 31（T） | 32（R） | 33（E） |
| 捺 4 | 41（Y） | 42（U） | 43（I） |
| 折 5 | 51（N） | 52（B） | 53（V） |

图 1-23　末笔识别码

③ 五笔中的简码。五笔打字中，对于常用的高频字，给予了简化处理，就是不用打完全码就可以直接输入一部分码。分成了一级简码、二级简码和三级简码。一级简码对应的键盘，如图 1-24 所示。一级简码的记忆口诀，如图 1-25 所示。

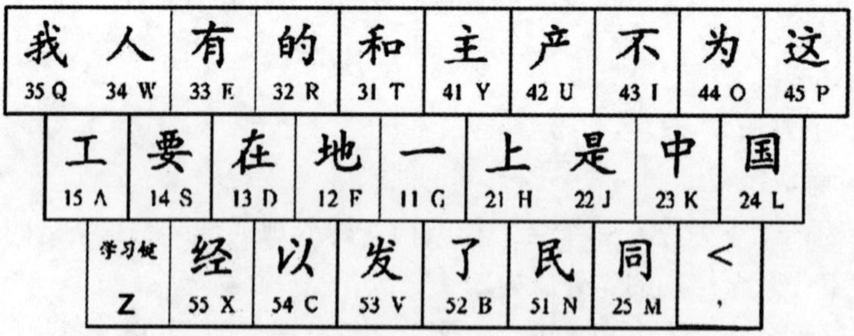

| 我<br>35 Q | 人<br>34 W | 有<br>33 E | 的<br>32 R | 和<br>31 T | 主<br>41 Y | 产<br>42 U | 不<br>43 I | 为<br>44 O | 这<br>45 P |
|---|---|---|---|---|---|---|---|---|---|
| 工<br>15 A | 要<br>14 S | 在<br>13 D | 地<br>12 F | 一<br>11 G | 上<br>21 H | 是<br>22 J | 中<br>23 K | 国<br>24 L | |
| 学习键<br>Z | 经<br>55 X | 以<br>54 C | 发<br>53 V | 了<br>52 B | 民<br>51 N | 同<br>25 M | <<br>，| | |

图 1-24　一级简码对应的键盘

| 一区 | 一地在要工 |
|---|---|
| 二区 | 上是中国同 |
| 三区 | 和的有人我 |
| 四区 | 主产不为这 |
| 五区 | 民了发以经 |

图 1-25　一级简码记忆口诀

一级简码是汉字中最常用的 25 个字，一级简码的输入方法是字根键加上空格。

④ 二级简码。二级简码较多，输入方法是两个字根键加上空格。二级简码，如图 1-26 所示。

```
         11-----15    21-----25    31-----35    41-----45    51-----55
         G F D S A    H J K L M    T R E W Q    Y U I O P    N B V C X
    11G  五于天末开   下理事画现   玫珠表珍列   玉平不来珲   与屯妻到互
    12F  二寺城霜载   直进吉协南   才垢圾夫无   坟增示赤过   志地雪支坳
    13D  三夯大厅左   丰百右历面   帮原胡春克   太磁砂灰达   成顾肆友龙
    14S  本村枯林械   相查可楞机   格析极检构   术样档杰棕   杨李要权楷
    15A  七革基苛式   牙划或功贡   攻匠菜共区   芳燕东蓁芝   世节切芭药

    21H  睛睦 盯虎    止旧占卤贞   睡 肯具餐    眩瞳步眯瞎   卢 眼皮此
    22J  量时晨果虹   早昌蝇曙遇   昨蝗明蛤晚   景暗晃显晕   电最归紧昆
    23K  呈叶顺呆呀   中虽吕另员   呼听吸只史   嘛啼吵咪喧   叫啊哪吧哟
    24L  车轩因困轼   四辑加男轴   力斩胃办罗   罚较 辚边    思辄轨轻累
    25M  同财央朵曲   由则迥崭册   几贩骨内风   凡赠峭嵝迪   岂邮 凤

    31T  生行知条长   处得各务向   笔物秀答称   入科秒秋管   秘季委么第
    32R  后持拓打找   年提扣押抽   手折扔失换   扩拉朱搂近   所报扫反批
    33E  且肝须采肛   胪胆肿肋肌   用遥朋脸胸   及胶腔脒爱   甩服妥肥脂
    34W  全会估休代   个介保佃仙   作伯仍从你   信们偿伙伀   亿他分公化
    35Q  钱针然钉氏   外旬名甸负   儿铁角欠多   久匀乐炙锭   包凶争色错

    41Y  主计庆订度   让刘训为高   放诉衣认义   方说就变这   记离良充率
    42U  闰半关亲并   站间部曾商   产瓣前闪交   六立冰普帝   决闯妆冯北
    43I  汪法尖洒江   小浊澡渐没   少泊肖兴光   注洋水淡学   沁池当汉涨
    44O  业灶类灯煤   粘烛炽烟灿   烽煌粗粉炮   米料炒炎迷   断籽娄烃
    45P  定守害宁宽   寂审宫军宙   客宾家空宛   社实宵灾之   官字安 它

    51N  怀导居怵民   收慢避惭届   必怕 愉懈    心习悄屡忱   忆敢恨怪尼
    52B  卫际承阿陈   耻阳职阵出   降孤阴队隐   防联孙耿辽   也子限取陛
    53V  姨寻姑杂毁   叟旭如舅妯   九妹奶奥婚   妨嫌录灵巡   刀好妇妈姆
    54C  骊对参骠戏   骒台劝观     矣牟能难允   驻骈 驼      马邓艰双
    55X  线结顷绉红   引旨强细纲   张绵级给约   纺弱纱继综   纪驰绿经比
```

图 1-26　二级简码

二级简码输入的例子，如图 1-27 所示。

| 汉字 | 全码 | 二级简码 | 汉字 | 全码 | 二级简码 |
|---|---|---|---|---|---|
| 晨 | JDFE | JD | 作 | WTHF | WT |
| 攻 | ATY | AT | 匀 | QUD | QU |
| 垢 | FRGK | FR | 记 | YNN | YN |
| 东 | AII | AI | 涨 | IXTA | IX |

图 1-27　二级简码例子

⑤ 三级简码。除了一级简码与二级简码外，大多数的三级简码，这也是五笔能速度较快的原因。三级简码输入的例子，如图 1-28 所示。

（5）词组的输入。有些常用的词语可以用五笔在四码之内打出来，方法如下：

① 二字词组。二字词组输入方法：首字前两码，后字前两码。二字词组输入的例子，如图 1-29 所示。

| 汉字 | 全码 | 三级简码 | 汉字 | 全码 | 三级简码 |
|------|------|---------|------|------|---------|
| 即 | VCBH | VCB | 饼 | QNUA | QNU |
| 峦 | YOMJ | YOM | 袈 | LKYE | LKY |
| 哽 | KGJQ | KGJ | 容 | PWWK | PWW |
| 麻 | YSSI | YSS | 蜗 | JKMW | JKM |

图 1-28　三级简码例子

| 二字词组 | 拆分方法 | 五笔编码 |
|---------|---------|---------|
| 好运 | 女+子+二+厶 | VBFC |
| 扩张 | 扌+广+弓+丿 | RYXT |
| 规则 | 二+人+贝+刂 | FWMJ |
| 相信 | 木+目+亻+言 | SHWY |

图 1-29　二字词组输入的例子

　　② 三字词组。三字词组输入方法：首字、次字前 1 码，后字前两码。三字词组输入的例子，如图 1-30 所示。

| 三字词组 | 拆分方法 | 五笔编码 |
|---------|---------|---------|
| 宣传部 | 宀+亻+立+口 | PWUK |
| 动画片 | 二+一+丿+丨 | FGTH |
| 日记本 | 日+讠+木+一 | JYSG |
| 加工厂 | 力+工+厂+一 | LADG |

图 1-30　三字词组输入的例子

　　③ 四字词组。四字词组输入方法：每字各前 1 码。四字词组输入的例子，如图 1-31 所示。

| 四字词组 | 拆分方法 | 五笔编码 |
|---------|---------|---------|
| 旗开得胜 | 方+一+彳+月 | YGTE |
| 缩手缩脚 | 纟+手+纟+月 | XRXE |
| 空中楼阁 | 宀+口+木+门 | PKSU |
| 得心应手 | 彳+心+广+手 | TNYR |

图 1-31　四字词组输入的例子

④ 多字词组。多字词组输入方法：前三字的前 1 码，最后一个字的前 1 码。多字词组输入的例子，如图 1-32 所示。

| 多字词组 | 拆分方法 | 五笔编码 |
| --- | --- | --- |
| 中华人民共和国 | 口+亻+人+口 | KWWL |
| 中国人民银行 | 口+口+人+彳 | KLWT |
| 中国人民解放军 | 口+口+人+宀 | KLWP |
| 新疆维吾尔自治区 | 立+弓+纟+匚 | UXXA |

图 1-32　多字词组输入的例子

具体应用中，根据各个版本的五笔输入法字库不同而有差异，有的输入法可以打出这个词语，另一个输入法可能就打不出来。

### 四、实验练习

启动金山打字通 2016 软件，出现的界面如图 1-33 所示。

图 1-33　金山打字通软件界面

### 1. 英文打字

单击图 1-33 中的"英语打字"按钮，将出现如图 1-34 所示的英文打字界面。

图 1-34 英文打字界面

（1）单词练习。单击图 1-34 中的"单词练习"按钮，将出现如图 1-35 所示的英文单词练习界面，开始在软件中进行英文的单词练习。

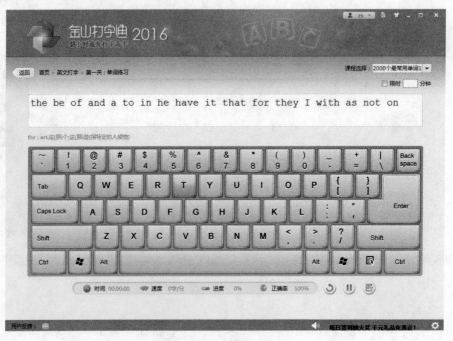

图 1-35 英文单词练习

（2）语句练习。单击图 1-34 中的"语句练习"按钮，将出现如图 1-36 所示的英文语句练习界面，开始在软件中进行英文的语句练习。

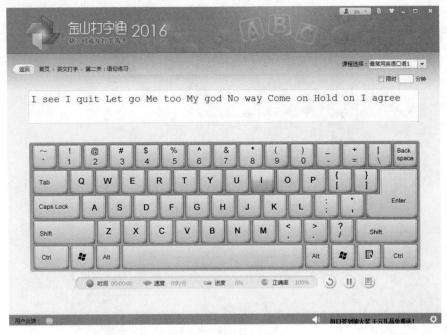

图 1-36　英文语句练习

（3）文章练习。单击图 1-34 中的"文章练习"按钮，将出现如图 1-37 所示的英文文章练习界面，开始在软件中进行英文的文章练习。

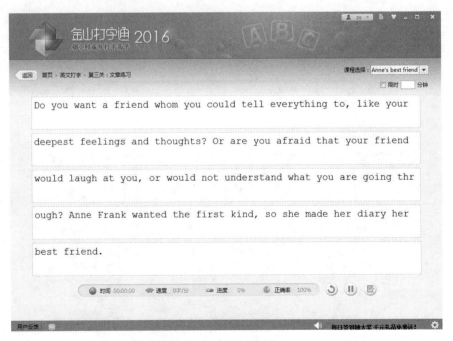

图 1-37　英文文章练习

**2. 拼音打字**

单击图 1-33 中的"拼音打字"按钮，将出现如图 1-38 所示的拼音打字界面。

图 1-38　拼音打字界面

（1）音节练习。单击图 1-38 中的"音节练习"按钮，将出现如图 1-39 所示的音节练习界面，开始在软件中进行音节练习。

图 1-39　音节练习

（2）词组练习。单击图 1-38 中的"词组练习"按钮，将出现如图 1-40 所示的词组练习界面，开始在软件中进行词组练习。

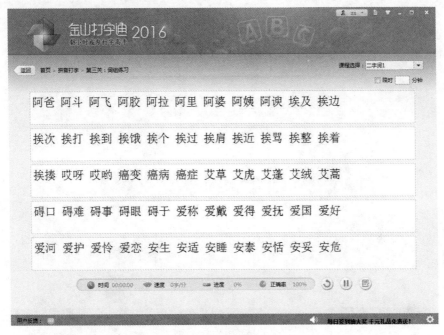

图 1-40　词组练习

（3）文章练习。单击图 1-38 中的"文章练习"按钮，将出现如图 1-41 所示的文章练习界面，开始在软件中进行文章练习。

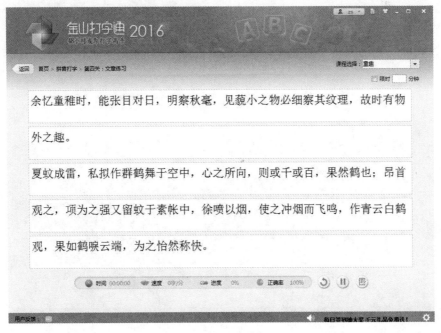

图 1-41　文章练习

### 3. 五笔打字

单击图 1-33 中的"五笔打字"按钮，将出现如图 1-42 所示的五笔打字界面。

图 1-42　五笔打字界面

（1）单字练习。单击图 1-42 中的"单字练习"按钮，将出现如图 1-43 所示的单字练习界面，开始在软件中进行单字练习。

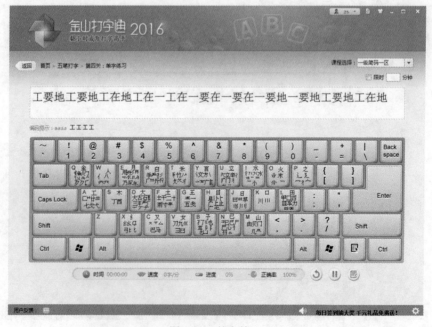

图 1-43　单字练习

（2）词组练习。单击图 1-42 中的"词组练习"按钮，将出现如图 1-44 所示的词组练习界面，开始在软件中进行词组练习。

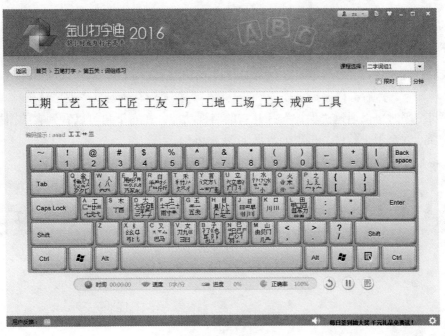

图 1-44　词组练习

（3）文章练习。单击图 1-42 中的"文章练习"按钮，将出现如图 1-45 所示的文章练习界面，开始在软件中进行文章练习。

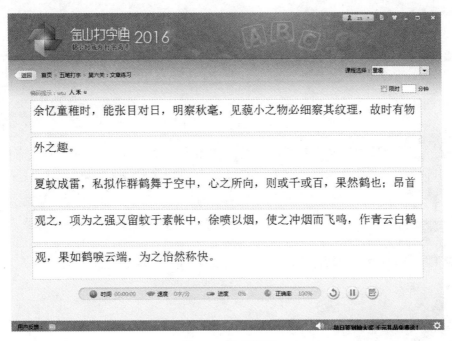

图 1-45　文章练习

## 实验 2　360 安全卫士软件的使用

　　360 安全卫士的使用方法很简单。首先到 360 安全卫士的官方网站下载最新版本，并进行安装。安装后，360 安全卫士会自动开启木马防火墙，这样就可以对电脑进行保护了。第一次安装完成后打开软件，它会给电脑进行全面体检，体检后进行一键修复，以后每隔一段时间会给电脑体检一下。然后再根据提示完成一些功能，有查杀流行木马、清理恶意软件、修复系统漏洞等项目；平时可以通过"保护"打开它的监视功能，在右下角可以看到它的图标。

　　启动 360 安全卫士软件，出现的界面如图 1-46 所示。

图 1-46　360 安全卫士软件

　　360 安全卫士是国内知名的免费杀毒软件，不仅仅有杀毒功能，它的功能还有很多，如：①进行电脑体检；②优化加速；③清理电脑垃圾；④进行宽带测速，测试网络问题；⑤使用软件管家进行软件管理，⑥使用 360 强力删除顽固文件等。

### 一、实验目的

　　熟练掌握 360 安全卫士软件的使用方法。

### 二、实验准备

　　安装 360 安全卫士软件。

### 三、实验内容及步骤

1. 电脑体检

（1）电脑体检功能包括：

① 故障检测（检测系统、软件是否有故障）；

② 垃圾检测（检测系统是否有垃圾）；

③ 安全检测（检测是否有病毒、木马、漏洞等）；

④ 速度提升（检测系统运行速度是否可以提升）。

（2）电脑体检方法：单击图 1-46 中的"电脑体检"按钮，将出现如图 1-47 所示界面。单击"一键修复"按钮，进行修复。修复后的结果，如图 1-48 所示。

图 1-47　电脑体检对话框

图 1-48　电脑体检修复后的结果

**2. 木马查杀**

（1）木马查杀功能包括：

① 进行木马查杀，修复系统漏洞，保持电脑健康。

② 定期进行查杀修复，可以使电脑更加安全，更加健康，清除木马、病毒，避免木马、病毒入侵电脑，对电脑造成威胁。

（2）木马查杀方法：单击图 1-46 中的"木马查杀"按钮，将出现如图 1-49 所示界面。从界面中可以选择"快速查杀""全盘查杀"或"按位置查杀"这三个选项进行木马查杀。单击"快速查杀"按钮，进行木马查杀。木马查杀后的结果，如图 1-50 所示。

图 1-49　木马查杀界面

图 1-50　木马查杀后的结果

3．电脑清理

（1）电脑清理功能包括：

① 清理垃圾（清理电脑中的垃圾文件）；

② 清理痕迹（清理浏览器使用痕迹）；

③ 清理注册表（清理无效的注册表项目）；

④ 清理插件（清理无用的插件，降低打扰）；

⑤ 清理软件（清理推广、弹窗等不常用的软件）；

⑥ 清理 Cookies（清理上网、游戏、购物等记录）。

（2）电脑清理方法：单击图 1-46 中的"电脑清理"按钮，将出现如图 1-51 所示界面。从界面中可以选择相应的按钮，进行电脑清理。

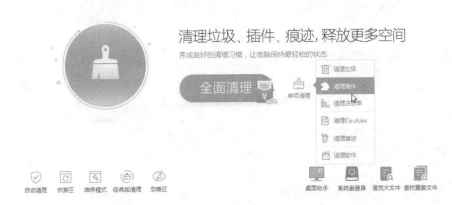

图 1-51　电脑清理界面

4．系统修复

（1）系统修复功能包括：

① 常规修复（修复常规的故障）；

② 漏洞修复（修复一些漏洞）；

③ 软件修复（修复软件中的故障）；

④ 驱动修复（修复驱动程序的故障）。

（2）系统修复方法：单击图 1-46 中的"系统修复"按钮，将出现如图 1-52 所示界面。从界面中可以选择相应的按钮，进行系统修复。

5．优化加速

（1）优化加速功能包括：

① 全面加速（让电脑快如闪电，全面提升电脑开机速度、系统速度、上网速度、硬盘速度）；

② 开机加速（优化软件自启动状态）；

③ 系统加速（优化系统和内存设置）；

④ 网络加速（优化网络配置和性能）；

⑤ 硬盘加速（优化硬盘传输效率）。

图 1-52　系统修复对话框

（2）优化加速方法：单击图 1-46 中的"优化加速"按钮，将出现如图 1-53 所示界面。从界面中可以选择相应的按钮，进行优化加速。

图 1-53　优化加速

6. 软件管家

（1）软件管家功能包括：

① 下载软件；

② 升级软件；

③ 卸载软件。

（2）软件管家使用方法：单击图 1-46 中的"软件管家"按钮，将出现如图 1-54 所示界面。从界面中可以选择相应的按钮，进行软件管家的使用。

图 1-54　软件管家

## 四、实验练习

一般情况下，在开机的时候，"360 安全卫士"会自动开启的，所以在右下方的任务栏中（图 1-55），单击它就可以打开软件界面（图 1-56）。

图 1-55　任务栏的图标

1．电脑体检

（1）在"360安全卫士"软件中（如图1-56所示），单击"立即体检"按钮。360安全卫士会对电脑进行体检，等待电脑体检结果。

图1-56　360安全卫士软件

（2）电脑体检结果（如图1-57所示）出来了之后，可以选择所需要清理的文件，或者单击"一键修复"。这里单击"一键修复"。

图1-57　电脑体检结果

（3）修复完成。这时候 360 安全卫士对电脑的修复就大功告成了，修复完成可以看到相关的数据，例如：体检扫描了多少项，修复了多少个问题项，清理了多少垃圾。如图 1-58 所示。

图 1-58　修复完成的结果

## 2. 木马查杀

（1）在"360 安全卫士"软件中（如图 1-56 所示），单击"木马查杀"按钮，将出现如图 1-59 所示的"木马查杀"界面。360 安全卫士会对电脑进行木马、病毒、漏洞检测。

图 1-59　木马查杀

（2）能选择的扫描的区域包括"快速查杀""全盘查杀""按位置查杀"。这里选择"按位置查杀"，将出现如图 1-60 所示的对话框。从对话框中选择要扫描的区域，单击"开始扫描"按钮。

（3）扫描完成后，将出现如图 1-61 所示的木马查杀结果界面。在界面中，会提醒有没有发现木马，有没有危险项，如有发现异常，系统会提醒进行操作的。

图 1-60　按位置查杀对话框

图 1-61　木马查杀结果

（4）在图 1-61 中，单击"一键处理"按钮，将对发现的木马、危险项及异常进行处理。处理结果如图 1-62 所示。

图 1-62　木马查杀处理的结果

3. 电脑清理

（1）在"360 安全卫士"软件中（如图 1-56 所示），单击"电脑清理"按钮，将出现如图 1-63 所示的"电脑清理"界面。单击"全面清理"按钮。开始清理，一般扫描的速度是比较快的，如果不想扫描了，还可以单击右上方的"取消扫描"按钮。

图 1-63　电脑清理

（2）扫描结束后，将出现如图 1-64 的扫描结果，选择需要清理的文件，单击"一键清理"按钮，进行垃圾清除。

图 1-64　扫描后的结果

（3）清理完成，将显示出如图 1-65 所示界面。显示的内容包括：总共清理掉了多少个项目，节省了多大的空间，这时候电脑垃圾就清理完毕了。

图 1-65　电脑清理后的结果

4. 优化加速

优化加速功能，将全面提升电脑的开机速度、系统速度、上网速度、硬盘运行速度等。

（1）在"360 安全卫士"软件中（如图 1-56 所示），单击"优化加速"按钮，将出现如

图 1-66 所示的"优化加速"界面。

图 1-66　优化加速

（2）选择需要加速的类型，可以加速的类型有"开机加速""系统加速""网络加速""硬盘加速"和"全面加速"。单击"全面加速"，扫描后，显示的结果，如图 1-67 所示。

图 1-67　扫描后的结果

（3）扫描完成后，从对话框中单击"立即优化"按钮，就可以给电脑进行优化加速了。优化后的结果，如图 1-68 所示。

图 1-68　优化加速后的结果

5. 软件管家

软件管家的功能有：软件下载、升级、卸载。在"360 安全卫士"软件中（图 1-56），单击"软件管家"按钮，将出现如图 1-69 所示的"软件管家"界面。

（1）下载软件。在"软件管家"中，可以下载软件，在如图 1-69 所示界面的左边有很多软件，已经分类。可以根据分类来进行软件下载，还有热门软件、推荐软件，也可以在右上方的搜索栏上进行搜索，查找软件。

图 1-69　软件管家

（2）升级软件。在"软件管家"的"升级"界面中（如图 1-70 所示），可以对电脑中当前的软件进行升级，找到想要升级的软件，单击右边的"一键升级"按钮就可以了，如果需要对全部软件进行升级，可以单击"全选"，然后单击方框内的"一键升级"。

图 1-70　软件管家的"升级"界面

（3）卸载软件。在"软件管家"的"卸载"界面中（如图 1-71 所示），可以对电脑中当前的软件进行卸载，只需要找到想要删除的软件，然后在该软件的右边，单击"卸载"或者"一键卸载"就可以了。如果想删除所有的软件，也可以单击"全选"，然后单击方框内的"一键卸载"。

图 1-71　软件管家的"卸载"界面

# 第2章 Windows 10 操作系统

## 实验 1 Windows 10 的基本操作

### 一、实验目的

（1）掌握 Windows 10 的启动与退出的方法。

（2）掌握 Windows 10 中应用程序的启动、退出及切换方法。

（3）掌握 Windows 10 快捷方式的创建方法及桌面图标排列方式。

### 二、实验内容及步骤

**1. Windows 10 的启动与退出**

（1）启动 Windows 10 操作系统。打开主机电源后，计算机的启动程序先对机器进行自检，通过自检后进入 Windows 10 操作系统界面，屏幕出现 Windows 10 桌面。

（2）重新启动 Windows 10。单击桌面左下角的"开始"菜单图标⊞，打开"开始"菜单，再单击"电源"选项⏻，弹出如图 2-1 所示的子菜单，选择"重启"命令，Windows 10 重新启动成功，屏幕出现 Windows 10 桌面。重启之前系统会将当前运行的程序关闭，并将一些重要的数据保存起来。

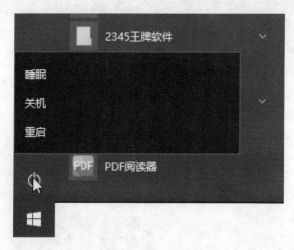

图 2-1 "电源"菜单列表

（3）睡眠模式。单击如图 2-1 所示菜单中"睡眠"命令，计算机就会在自动保存完内存数据后进入睡眠状态。

　　当用户按一下主机上的电源按钮，或者晃动鼠标或者按键盘上的任意键时，都可以将计算机从睡眠状态中唤醒，使其进入工作状态。

　　（4）注销计算机。单击桌面左下角的"开始"菜单图标，打开"开始"菜单，再单击"账户"菜单图标 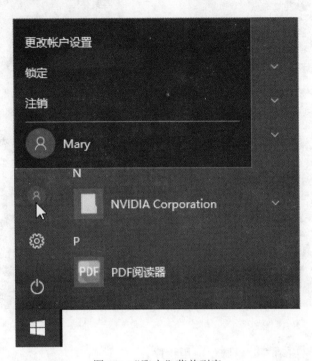，在其子菜单中选择"注销"命令，如图 2-2 所示。Windows 10 会关闭当前用户界面的所有程序，并出现登录界面让用户重新登录。

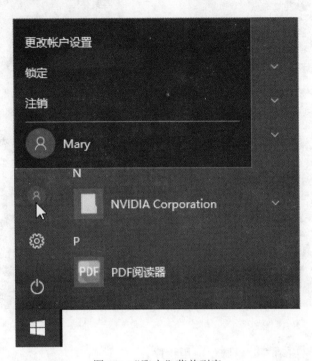

图 2-2　"账户"菜单列表

　　（5）锁定计算机。单击如图 2-2 所示菜单中"锁定"命令，锁定后屏幕的右下角会出现"解锁"图标。当单击解锁图标时，会出现用户登录界面，必须输入正确的密码才能正常操作计算机。

　　（6）关闭 Windows 10。单击如图 2-1 所示菜单中"关机"命令，这时系统会自动将当前运行的程序关闭，并将一些重要的数据保存，之后关闭计算机。

　　2．Windows 10 中应用程序的启动、退出及切换方法

　　（1）应用程序的启动。

　　【案例 1】启动"写字板""此电脑"、Microsoft Word 等应用程序。

　　操作方法如下：

　　① 使用"开始"菜单启动"写字板"应用程序。

　　选择"开始"→"Windows 附件"→"写字板"命令，即可打开"写字板"程序，如图 2-3 所示。

　　② 使用桌面快捷方式图标启动 Microsoft Word。

　　双击桌面 Microsoft Word 快捷方式图标，即可打开 Word 应用程序，如图 2-4 所示。

图 2-3　"开始"菜单启动

图 2-4　桌面快捷方式图标

③ 使用快捷菜单启动"此电脑"应用程序。

右击"此电脑"图标，在弹出的快捷菜单中选择"打开"命令，即可打开"此电脑"，如图 2-5 所示。

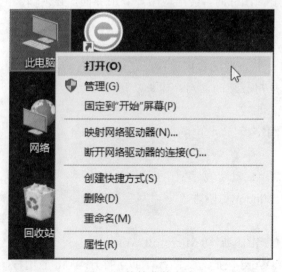

图 2-5　快捷菜单启动

（2）应用程序窗口之间的切换。

【**案例2**】将"写字板""画图""此电脑"和 Word 文档多个应用程序窗口打开，进行活动窗口切换。

操作方法如下：

① 用鼠标切换。

单击任务栏上对应的应用程序图标"画图"，"画图"应用程序变成活动窗口，这样可以使用画图程序。

② 用键盘进行切换。

● 用 Alt+Esc 组合键切换。首先按下 Alt 键并保持，然后再按 Esc 键选择需要打开的窗口。

操作提示：Alt+Esc 组合键只在非最小化的窗口之间切换。

● 用 Alt+Tab 组合键切换。同时按下 Alt+Tab 组合键，屏幕上出现切换缩略图，如图 2-6 所示。按住 Alt 键并保持，然后通过不断按下 Tab 在缩略图中选择需要打开的窗口。选中后，释放 Alt 和 Tab 两个键，选择的窗口即为当前活动窗口。

图 2-6　切换缩略图

（3）退出应用程序。

【**案例3**】将图 2-6 中的多个应用程序"写字板""画图"、Word 文档及"此电脑"关闭。

① 单击"写字板"标题栏右侧"关闭"按钮，关闭"写字板"。

② 单击"画图"程序标题栏左侧的控制菜单图标，如图 2-7 所示。在弹出的控制菜单中选择"关闭"命令，关闭"画图"程序。

图 2-7　控制菜单

操作提示：对于所有应用程序来说，控制菜单都是相同的。

③ 双击"画图"程序标题栏左侧的控制菜单图标，也可以关闭"画图"程序。

④ 同时按下 Alt 和功能键 F4，关闭 Word 文档。

3. Windows 10 中快捷方式的创建方法及桌面图标排列

（1）快捷菜单的创建。

【案例 4】在桌面上为"计算器"、Microsoft Excel、Microsoft iexplore 创建快捷方式。

快捷方式创建方法：

① 使用鼠标拖动创建快捷方式。

单击"开始"→"Windows 附件"，将鼠标移动到"计算器"，按住鼠标左键直接拖动到桌面，在桌面创建了"计算器"快捷方式。

开始菜单中包含的各应用程序均可使用此方法创建快捷方式。

② 使用快捷菜单中"发送到"命令创建快捷方式。

在"此电脑"中打开 C：\Program File\Office 2007，右击 Excel 程序文件图标后弹出快捷菜单，选择"发送到"→"桌面快捷方式"命令，如图 2-8 所示，在桌面上创建了 Microsoft Excel 快捷方式。

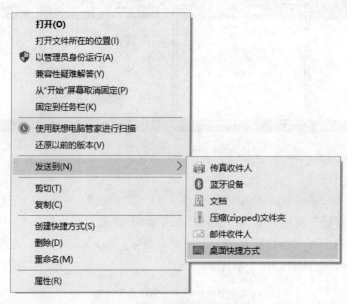

图 2-8　创建桌面图标的快捷菜单

③ 使用快捷菜单中"创建快捷方式"命令创建快捷方式。

右击"Excel"程序文件图标，在弹出的快捷菜单中选择"创建快捷方式"命令，如图 2-8 所示，在当前文件夹中创建了 Microsoft Excel 快捷方式。然后将新创建的快捷方式图标移动至桌面。

④ 使用快捷菜单中"新建"命令创建快捷方式。

● 首先右击桌面空白处，弹出桌面快捷菜单，如图 2-9 所示，选择"新建"→"快捷方式"命令，在弹出的"创建快捷方式"对话框中进行设置，如图 2-10 所示。

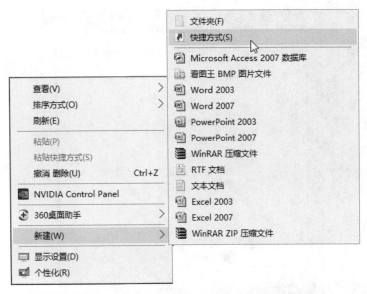

图 2-9　桌面快捷菜单及"新建"菜单列表

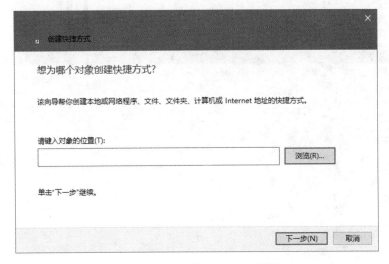

图 2-10　"创建快捷方式"对话框

- 然后单击"浏览"按钮，打开"浏览文件夹"对话框，如图 2-11 所示。选择 iexplore，单击"确定"按钮，则图 2-10"请键入对象的位置"文本框中显示 iexplore 的路径和文件名。
- 最后单击"下一步"按钮，按着提示修改快捷方式名称，单击"完成"按钮结束操作。

⑤ 使用对象所在窗口中的"主页选项卡"创建快捷方式。

在对象所在的窗口下，单击功能区中的"主页"选项卡，单击"新建项目"下拉箭头，在其下级菜单中选择"快捷方式"命令，如图 2-12 所示。后面操作与上述使用快捷菜单中"新建"命令创建快捷方式完全一致，不再重复说明。图标创建在当前文件夹中，如需要可移动到桌面。

图 2-11 "浏览文件或文件夹"对话框

图 2-12 在对象所在窗口创建快捷方式

（2）桌面图标排列。

① 桌面图标自动排列。在桌面空白处右击，在弹出快捷菜单中选择"自动排列图标"，如图 2-13 所示，完成桌面图标自动排列。

② 桌面图标的排列。在桌面空白处右击，在弹出快捷菜单中选择"排序方式"，如图 2-14 所示。选择按照名称、大小、项目类型及修改日期完成桌面图标排列。

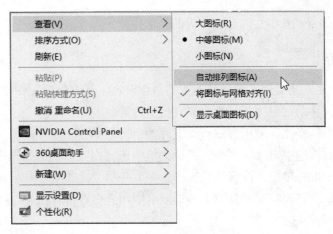

图 2-13　桌面图标自动排列

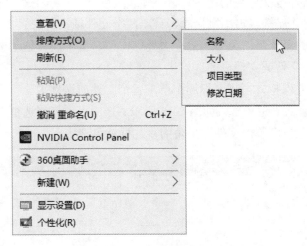

图 2-14　桌面图标排列方式

### 三、实验练习

（1）在桌面上为"画图"应用程序创建快捷方式，查看桌面图标，改变图标排列方式。

（2）用不同方法依次打开"写字板""画图""此电脑"应用程序窗口，进行应用程序之间切换，改变多个窗口的显示方式。

（3）将上述打开窗口分别最大化、最小化、还原，改变窗口大小，移动窗口，用不同方法关闭窗口。

## 实验 2　Windows 10 的文件及文件夹管理

### 一、实验目的

（1）掌握 Windows 10 的此电脑及资源管理器的使用。

（2）掌握 Windows 10 中文件和文件夹的基本操作。

## 二、实验内容及步骤

Windows 10 中文件及文件夹操作是本章的重点内容，其中包括文件与文件夹的选定、创建、重命名、复制、移动、删除、属性设置及搜索等等。

对文件与文件夹的操作，常用方法有如下几类：

- 使用鼠标右击选中对象，在弹出快捷菜单中选择相应命令进行操作。
- 使用 Ctrl、Shift 键配合鼠标进行操作。
- 使用此电脑及资源管理器窗口中的选项卡中相应命令进行操作。

1. 文件与文件夹的选定

（1）单个文件或文件夹的选定：用鼠标单击文件或文件夹即可选中该对象。

（2）多个相邻文件或文件夹的选定：

- 按下 Shift 键并保持，再用鼠标单击首尾两个文件或文件夹。
- 单击要选定的第一个对象旁边的空白处，按住左键不放，拖动至最后一个对象。

（3）多个不相邻文件或文件夹的选定：

- 按下 Ctrl 键并保持，再用鼠标逐个单击各个文件或文件夹。
- 首先选择"查看"选项卡，如图 2-15 所示。选中"项目复选框"，将鼠标移动到需要选择的文件上方，单击文件左上角的复选框就可选中。

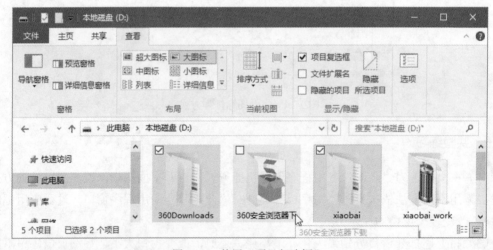

图 2-15　使用"项目复选框"

（4）反向选定：若只有少数文件或文件夹不想选择，可以先选定这几个文件或文件夹，然后单击选择"主页"选项卡中的"反向选择"命令，如图 2-16 所示，这样可以反转当前选择。

（5）全部选定：单击项目选项卡中"全部选择"命令或按 Ctrl+A 键。

2. 创建新的文件及文件夹

（1）创建文件夹。

【案例 1】在 D 盘下新建文件夹结构，如图 2-17 所示。

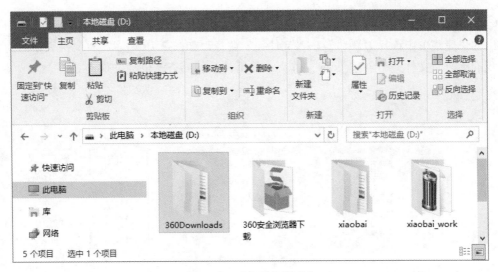

图 2-16　"主页"选项卡

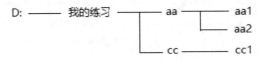

图 2-17　文件夹结构

操作方法如下：

① 在此电脑中选择 D 盘，开始创建如图 2-17 所示文件夹。

② 选择"主页"选项卡，单击"新建文件夹"，在列表窗格中出现新建的文件夹图标，如图 2-18 所示。将文件夹名称命名为"我的练习"，则在 D 盘上创建了"我的练习"文件夹。

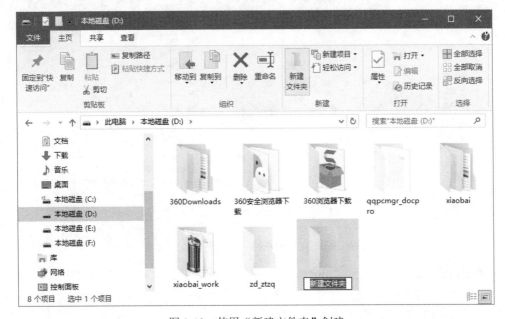

图 2-18　使用"新建文件夹"创建

③ 双击"我的练习"文件夹图标，打开"我的练习"文件夹。右击文件列表栏的空白处，在弹出的快捷菜单中选择"新建"→"文件夹"命令，如图 2-19 所示。将文件夹命名为 aa，在"我的练习"文件夹中创建了 aa 文件夹。使用与此相同方法创建文件夹 cc。

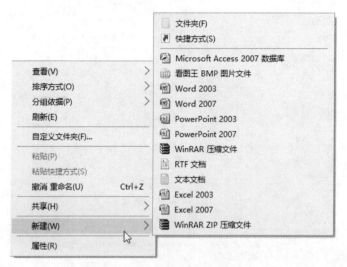

图 2-19　使用快捷菜单创建文件夹

④ 双击 aa 文件夹图标，打开 aa 文件夹，单击"新建项目"右侧下拉箭头打开下拉菜单，如图 2-20 所示。选择"文件夹"命令，创建 aa1、aa2 文件夹。

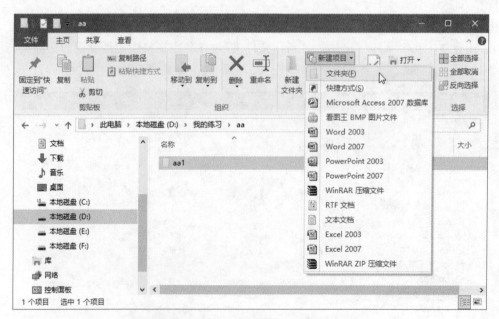

图 2-20　使用"新建项目"创建文件夹

⑤ 单击返回箭头←，返回"我的练习"文件夹。双击 cc 文件夹图标，打开 cc 文件夹，单击"新建项目"右侧下拉箭头打开下拉菜单，如图 2-20 所示。选择"文件夹"命令，创建 cc1 文件夹。至此完成了图 2-17 所示的文件夹结构。

（2）创建文件。

【**案例 2**】在图 2-17 所示文件夹 aa 中，新建一个文本文件 abc.txt；在 cc 文件夹中，新建一个 Word 文档 def.docx。

操作方法如下：

① 双击 aa 文件夹图标，打开 aa 文件夹，右击文件列表栏的空白处，在弹出的快捷菜单中选择"新建"→"文本文档"命令，如图 2-19 所示。将文件命名为 abc，在 aa 文件夹中创建了文本文件 abc.txt。

② 双击 cc 文件夹图标，打开 cc 文件夹，单击"新建项目"右侧下拉箭头打开下拉菜单，如图 2-20 所示。选择 Word 2007 命令，将文件命名为 def，在 cc 文件夹中创建了 Word 文档 def.docx。

3. 文件与文件夹的重命名

【**案例 3**】将图 2-17 所示的文件夹 aa 改名为"练习 1"，cc 文件夹中 Word 文档 def.docx 改名为"Word 练习"。

操作方法如下：

（1）右击重命名文件夹 aa，在弹出快捷菜单中选择"重命名"命令。如图 2-21 所示。输入新的文件夹名"练习 1"，完成对文件夹 aa 的重命名。

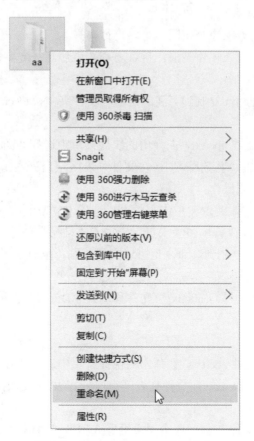

图 2-21 使用快捷快捷菜单重命名

（2）选中文件 def.docx，在图 2-22 所示"主页"选项卡中选择单击"重命名"，输入新的文件名"Word 练习"，完成对文件 def.docx 的重命名。

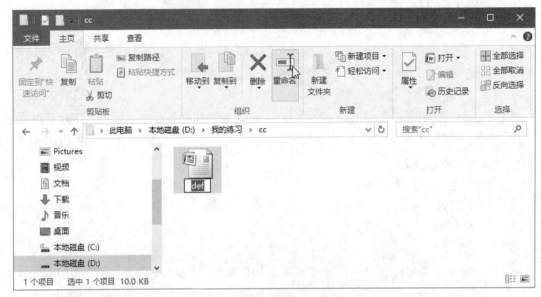

图 2-22　使用"主页"选项卡重命名

文件与文件夹重命名方法完全相同，可以自行选择。

**注意**：文件的扩展名代表文件类型，所以重命名文件时一定要谨慎！

**4. 文件与文件夹的复制**

【**案例 4**】将文件 abc.txt 复制到"我的练习"文件夹中，将 cc 文件夹复制到 D 盘。

操作方法如下：

（1）右击要复制的文件 abc.txt，在弹出的快捷菜单中选择"复制"命令，如图 2-21 所示。

（2）选择目标文件夹"我的练习"，在文件列表区空白处右击，在弹出的快捷菜单中选择"粘贴"命令，完成复制操作。

（3）选定要复制的文件夹 cc，单击"主页"选项卡"复制"命令，如图 2-22 所示。

（4）选择目标位置 D 盘，单击"主页"选项卡"粘贴"命令，完成复制操作。

使用图 2-22 所示的"复制到"命令也可以实现复制，也可使用鼠标方法实现文件复制。

**5. 文件和文件夹的移动**

【**案例 5**】将"D:\我的练习\abc.txt"文件移动到"D:\cc"文件夹中，将"D:\我的练习"下的 aa 文件夹移动到 D 盘。

操作方法如下：

（1）右击要移动的文件 abc.txt，在弹出的快捷菜单中选择"剪切"命令，如图 2-21 所示。

（2）选择目标文件夹 D:\cc，在文件列表区空白处右击，在弹出的快捷菜单中选择"粘贴"命令，完成移动操作。

（3）选定要移动的文件夹 aa，单击"主页"选项卡"剪切"命令，如图 2-22 所示。

（4）选择目标位置 D 盘，单击"主页"选项卡"粘贴"命令，完成移动操作。

使用图 2-22 所示的"移动到"命令也可以实现文件及文件夹移动，也可使用鼠标方法实现文件及文件夹移动。

注意：使用鼠标拖动复制或移动文件和文件夹时，按下 Shift 键并保持，再用鼠标拖动该对象到目标文件夹，实现移动操作；按下 Ctrl 键并保持，再用鼠标拖动该对象到目标文件夹，实现复制操作。直接用鼠标拖动该对象到目标文件夹，同一磁盘间拖动实现文件和文件夹移动，不同磁盘间实现文件和文件夹复制。

6. 文件和文件夹的删除

【案例 6】将"D:\我的练习\cc"文件夹中的"Word 练习"文件删除，将"D:\aa"文件夹删除。

操作方法如下：

（1）右击"Word 练习"文件，在弹出的快捷菜单中选择"删除"命令，如图 2-21 所示。

（2）在图 2-23 所示的"删除文件"对话框中单击"是"按钮，将删除文件放入"回收站"中。

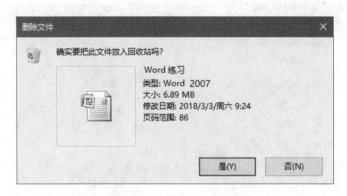

图 2-23　文件或文件夹删除

（3）选中"D:\aa"文件夹，使用图 2-22 所示"主页"选项卡中"删除"命令，将删除文件夹放入"回收站"中。

注意：从网络位置、可移动媒体（U 盘、可移动硬盘等）删除文件和文件夹或者被删除文件和文件夹的大小超过"回收站"空间的大小时，被删除对象将不被放入"回收站"中，而是直接被永久删除，不能还原。

7. 文件和文件夹的还原，以及回收站的操作

（1）还原被删除的文件和文件夹。

【案例 7】将回收站中的"Word 练习"文件还原，将 aa 文件夹还原。

操作方法如下：

① 双击桌面"回收站"图标，打开"回收站"窗口，如图 2-24 所示。

② 选中文件"Word 练习"，单击"还原选定的项目"命令，则"Word 练习"文件将被还原到此电脑中的原始位置。

③ 右击 aa 文件夹图标，在弹出的快捷菜单中选择"还原"命令，则 aa 文件夹将被还原到此电脑中的原始位置。如图 2-25 所示。

图 2-24 "回收站"窗口

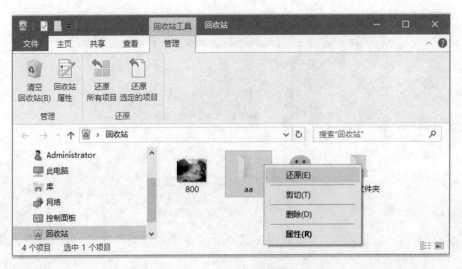

图 2-25 回收站中快捷菜单

（2）文件和文件夹的彻底删除。

【案例 8】将"回收站"中的文件夹 aa 彻底删除，将文件"Word 练习"彻底删除。

操作方法如下：

① 双击桌面"回收站"图标，打开"回收站"窗口，如图 2-24 所示。

② 右击 aa 文件夹图标，在弹出的快捷菜单中选择"删除"命令，则 aa 文件夹将被彻底删除。如图 2-25 所示。

③ 单击"清空回收站"命令，则"回收站"中所有文件和文件夹将被彻底删除。

注意："回收站"中的内容一旦被删除，被删除的对象将不能再恢复。

8. 文件和文件夹的属性设置

将文件夹"我的练习"设置为共享属性。

（1）用快捷菜单设置文件属性。

【案例 9】将文件 abc.txt 设置为隐藏属性。

操作方法如下：

① 右击文件 abc.txt，在弹出的快捷菜单中选择"属性"命令，打开如图 2-26 所示的文件属性对话框。

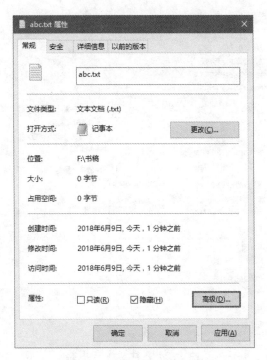

图 2-26　文件属性对话框示例

② 在对话框中选中"隐藏"复选框，单击"确定"按钮，文件设置为隐藏，如图 2-27 所示。此时文件依然显示。

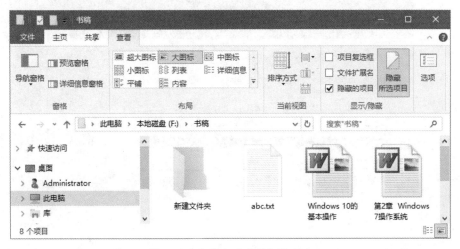

图 2-27　文件夹"查看"选项卡

③ 在图 2-27 中取消"隐藏的项目"复选框的选定，文件将不再显示，处于隐藏状态。

（2）文件夹的共享。

【案例 10】将文件夹"我的练习"设置为共享属性。

操作方法如下：

① 右击文件夹"我的练习"，在弹出的快捷菜单中选择"共享"→"特定用户"命令，如图 2-28 所示。

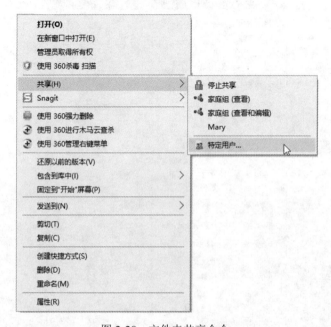

图 2-28　文件夹共享命令

② 在图 2-29 中，选择要与其共享的用户 Mary，单击"添加"按钮，最后单击"共享"按钮，完成文件夹共享属性设置。

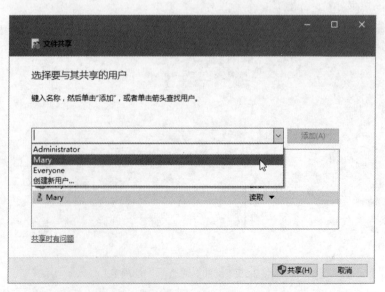

图 2-29　文件夹共享

注意：文件夹与磁盘均可设置共享属性，文件只需放在共享文件夹或磁盘中即可供各类用户查看。

9. 文件及文件夹搜索

【案例 11】在 F 盘中搜索名称中含"教学"的文件或文件夹。

操作方法如下：

（1）即时搜索。在导航窗格选择 F 盘，在搜索框中输入"教学"，立即在 F 盘开始搜索名称含有"教学"的文件及文件夹，如图 2-30 所示。

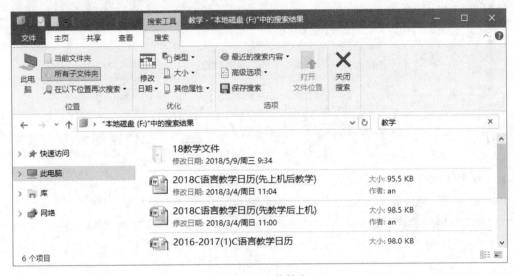

图 2-30　文件搜索

搜索时如果不知道准确文件名，可以使用通配符。通配符包括星号"*"和问号"？"两种。可以使用问号"？"代替一个字符，星号"*"代替任意个字符。

（2）更改搜索位置。在默认情况下，搜索位置是当前文件夹及子文件夹。如果需要修改，可以在图 2-30 的"搜索"选项卡"位置"区域中进行更改。

（3）设置搜索类型。如果想要加快搜索速度，可以在图 2-30 的"搜索"选项卡"优化"区域中设置更具体的搜索信息，如修改时间、类型、大小、其他属性等等。

（4）设置索引选项。Windows 10 中，使用"索引"可以快速找到特定的文件及文件夹。默认情况下，大多数常见类型都会被索引，索引位置包括库中的所有文件夹、电子邮件、脱机文件。

单击图 2-31 中的"高级选项"的下拉按钮，在其下拉菜单中选择"更改索引位置"命令，对索引位置进行添加修改。添加索引位置完成后，计算机会自动为新添加索引位置编制索引。

（5）保存搜索结果。可以将搜索结果保存，方便日后快速查找。单击图 2-30 中的"保存搜索"命令，选择保存位置，输入保存的文件名，即可以对搜索结果进行保存。日后使用时不需要进行搜索，只需要打开保存的搜索即可。

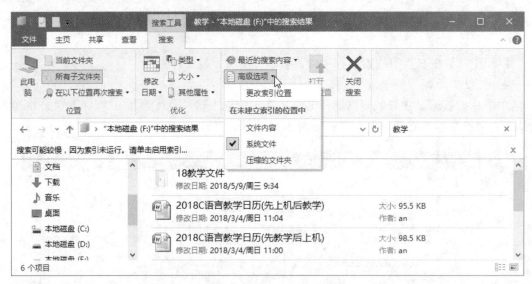

图 2-31　索引选项设置

**10. 文件与文件夹的显示方式**

Windows 10 资源管理器窗口中的文件列表有"超大图标""大图标""中等图标""小图标""列表""详细信息""平铺"和"内容"8 种显示方式。选择的方法有以下几种：

（1）使用"查看"选项卡，选择"中图标"，则文件和文件夹以中图标显示。如图 2-32 所示。

图 2-32　"查看"选项卡

（2）右击窗口空白处，在弹出快捷菜单中选择"查看"命令，如图 2-33 所示。

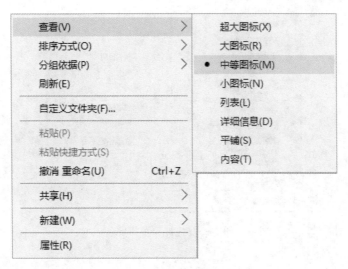

图 2-33　快捷菜单查看命令

### 11. 文件与文件夹的排序方式

浏览文件和文件夹时，文件和文件夹可以按名称、修改日期、类型或大小方式来调整文件列表的排列顺序，还可以选择递增、递减或更多的方式进行排序。排序方法如下：

（1）选择文件列表的排序方式可以使用选项卡，在图 2-34 中单击"排序方式"的下拉按钮，展开排序下拉菜单，分别选择"名称"和"递增"，则文件和文件夹按照名称升序排列。

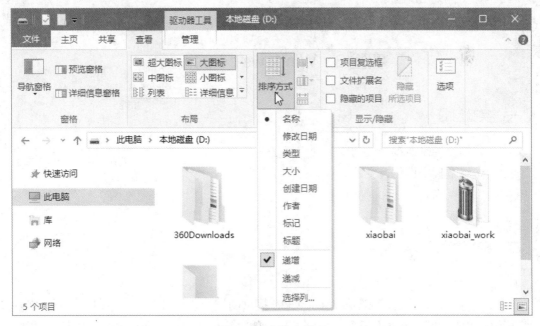

图 2-34　文件夹排序

（2）右击"此电脑"窗口空白处，在弹出的快捷菜单中选择"排序方式"→"类型"，如图 2-35 所示。此时文件和文件夹按照类型排列。

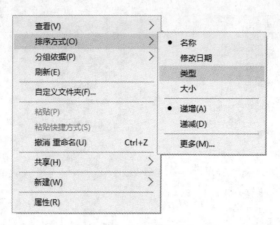

图 2-35　快捷菜单排序

### 三、实验练习

（1）在 D 盘根目录下建立文件夹 AA，在 AA 文件夹下建立子文件夹 BB 和子文件夹 CC。

（2）在 BB 文件夹下建立一个名为 kaoshi.txt 的文本文件，并将该文件复制到 CC 文件夹中。

（3）将从 CC 文件夹中复制来的文件 kaoshi.txt 改名为 exam.txt，并在桌面上为其创建快捷方式，再将文件的属性设置为"只读"。

（4）将 BB 文件夹中的文件"kaoshi.txt"移动到 AA 文件夹中。

（5）将文件夹 BB 删除。

（6）在"此电脑"中搜索所有的 Word 文档。

# 实验 3　Windows 10 的设置

### 一、实验目的

（1）掌握"控制面板"的功能及使用方法。

（2）熟练掌握个性化及主题设置。

（3）掌握鼠标、日期和时间设置。

（4）了解账户的设置。

### 二、实验内容及步骤

1. 控制面板

"控制面板"和"设置"都是 Windows 10 提供的控制计算机的工具，但"设置"在功能方面还不能完全取代"控制面板"，"控制面板"的功能更加详细。通过"控制面板"，用户可以对系统的设置进行查看和调整。

选择"开始"→"Windows 系统"→"控制面板"命令，即可打开"控制面板"窗口，如图 2-36 所示。

图 2-36　控制面板

### 2. 个性化设置

右击桌面空白处，在弹出的快捷菜单中选择"个性化"命令，打开"个性化"窗口，如图 2-37 所示。"个性化"窗口左侧窗格中有个性化设置的几个主要功能标签，在此可以分别对"背景""颜色""锁屏界面""主题""开始""任务栏"进行设置。

图 2-37　"个性化"窗口

（1）设置桌面背景。

1）在左侧导航窗格中单击"背景"标签。

2）在右侧窗格单击"背景"下拉按钮，展开其下拉列表，在这里选择桌面背景的样式，是"图片""纯色"还是"幻灯片放映"，选择"图片"。

3）单击"选择图片"中列出的某张图片，就可以将该图片设置为桌面背景；或者单击"浏览"按钮，在"打开"对话框中选择某图片设置为桌面背景。

4）单击"选择契合度"下拉按钮，确定图片在桌面上的显示方式。

（2）设置颜色。

1）如图 2-37 所示，在左侧导航窗格中选择"颜色"，打开"颜色"窗格，如图 2-38 所示。

2）在右侧窗格中选择一种颜色，立即可以看到 Windows 中的主色调改变为该颜色。

3）将"'开始'菜单、任务栏和操作中心透明"与"显示标题栏的颜色"两个设置为"开"，可以看到"开始"菜单、任务栏、操作中心和标题栏颜色同时改变，如图 2-38 所示。

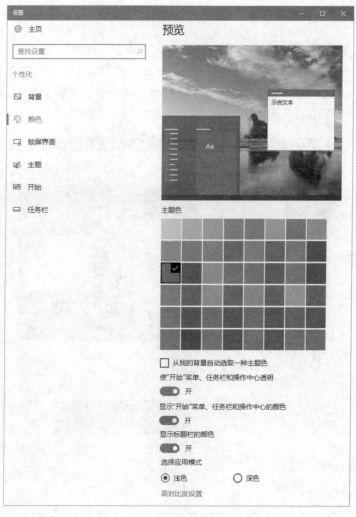

图 2-38　"颜色"窗格

（3）设置主题。主题是指搭配完整的系统外观和系统声音的一套方案，包括桌面背景、屏幕保护程序、声音方案、窗口颜色等。如图 2-37 所示，在左侧导航窗格中选择"主题"，在右侧单击"主题设置"，打开如图 2-39 所示的窗口。在"Windows 默认主题"选项区中单击"鲜花"，主题即设置完毕。

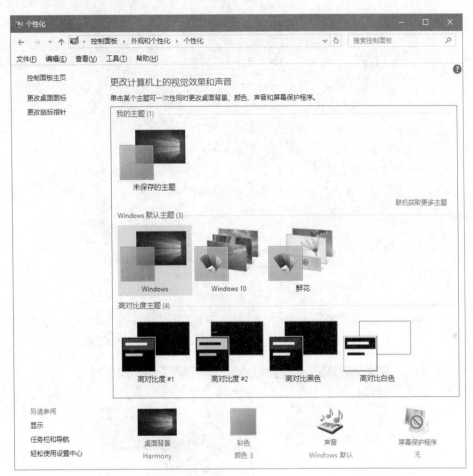

图 2-39　"主题"窗格

（4）设置屏幕保护程序。屏幕保护程序是用于保护计算机屏幕的程序，当用户暂停计算机的使用时，它能使显示器处于节能状态，并保障系统安全。

1）在图 2-39 中，单击右下方"屏幕保护程序"，弹出"屏幕保护程序设置"对话框，如图 2-40 所示。

2）在"屏幕保护程序"下拉列表中，选择一种喜欢的屏幕保护程序，如"气泡"，在"等待"微调框内设置等待时间，如"3 分钟"，单击"确定"按钮，完成设置。

3）在用户未操作计算机的 3 分钟之后，屏幕保护程序自动启动。若要重新操作计算机，只需移动一下鼠标或者按键盘上任意键，即可退出屏保。

（5）"开始"菜单设置。可以按照个人的使用习惯，对"开始"菜单进行个性化的设置，如是否在"开始"菜单中显示应用列表、是否显示最常用的应用等。

图 2-40　"屏幕保护程序"设置

1）如图 2-37 所示，在左侧导航窗格中选择"开始"，打开如图 2-41 所示的"开始"菜单设置窗口。

图 2-41　"开始"菜单设置

2）将"显示最常用的应用"设置为"开"，在"开始"菜单中显示常用的应用图标。

3）将"显示最近添加的应用"设置为"开"，新安装程序会在"开始"菜单中建立图标。

（6）任务栏设置。在系统默认状态下，任务栏位于桌面的底部，并处于锁定状态。如图 2-37 所示，在左侧导航窗格中选择"任务栏"，打开如图 2-42 所示任务栏设置窗口。

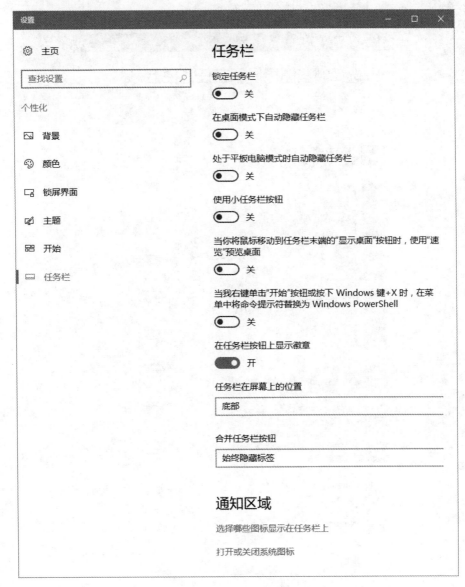

图 2-42　任务栏设置

1）解除锁定。解除锁定之后方可对任务栏的位置和大小进行调整。

2）调整任务栏大小。任务栏解除锁定后，将鼠标指向任务栏空白区的上边缘，此时鼠标指针变为双向箭头状，然后拖动至合适位置后释放，即可调整任务栏的大小。

3）移动任务栏位置。任务栏解除锁定后，将鼠标指向任务栏的空白区，然后拖动至桌面周边的合适位置后释放，即可将任务栏移动至桌面的顶部、左侧、右侧或底部。

4）隐藏任务栏。将"在桌面模式下自动隐藏任务栏"设置为"开"，任务栏随即隐藏起来。鼠标移到任务栏区域，任务栏显示。

5）通知区域显示图标设置。单击图 2-42 下方"选择哪些图标显示在任务栏上"，打开如图 2-43 所示任务栏通知区域设置窗口。首先将"通知区域始终显示所有图标"设置为"关"，然后将需要显示图标设置为"开"，其余设置为"关"。

图 2-43  任务栏通知区域显示设置

### 3. 鼠标设置

（1）单击图 2-36 中的"硬件和声音"，打开如图 2-44 所示的"硬件和声音"窗口。

（2）单击"鼠标"，打开如图 2-45 所示"鼠标属性"对话框。

（3）选中"切换主要和次要的按钮"，将鼠标左右键互换，即将鼠标设置为左手鼠标。

（4）移动滑标设置双击鼠标速度，并进行测试。

图 2-44　"硬件和声音"窗口

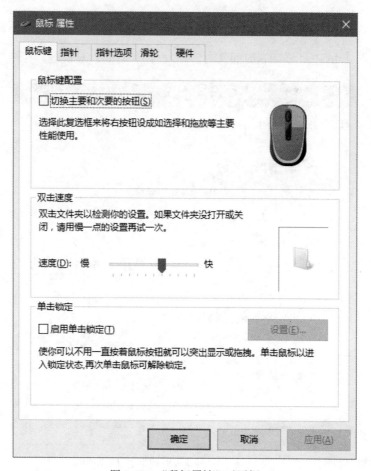

图 2-45　"鼠标属性"对话框

4. 日期和时间设置

（1）单击图 2-36 中的"时钟、语言和区域"，打开如图 2-46 所示的"时钟、语言和区域"窗口。

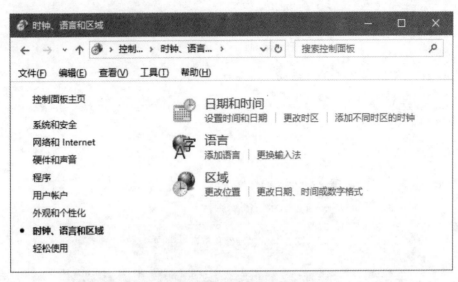

图 2-46　"时钟、语言和区域"窗口

（2）单击图 2-46 中"日期和时间"，打开"日期和时间"对话框，如图 2-47 所示。

图 2-47　"日期和时间"对话框

（3）单击"更改日期和时间"，打开如图 2-48 所示的"日期和时间设置"对话框。

图 2-48　"日期和时间设置"对话框

（4）单击时、分、秒区域修改时钟，单击选中日期设置日期，单击"确定"，完成日期和时间修改。

（5）修改日期时，单击 ◀ 2018年6月 ▶ ，日期区域显示 12 月；单击 ◀ 2018 ▶ ，日期区域显示 2010-2020 年；单击 ◀ 2010-2019 ▶ ，显示 2000-2099 年区间。这样方便修改跨度较大年份，如图 2-49 所示。

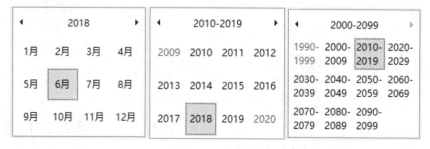

图 2-49　日期修改

5. 账户的设置

（1）创建用户账户。只有管理员账户才有创建新用户账户的权限，因此创建新的用户账户时必须以管理员账户登录。下面以创建一个名称为 Mary 的新账户为例说明创建过程，具体操作步骤如下：

1）在桌面上右击"此电脑"图标，在弹出的快捷菜单中选择"管理"命令，如图 2-50 所示。

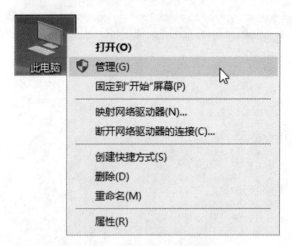

图 2-50　"此电脑"快捷菜单

2）在如图 2-51 所示的"计算机管理"窗口左侧导航窗格中，选择"本地用户和组"中的"用户"，这时显示三类用户。选择"DefaultAccount"，单击操作窗格中的"更多操作"，在弹出的菜单中选择"新用户"命令，创建新用户。

图 2-51　"计算机管理"窗口

3）在如图 2-52 所示的"新用户"对话框中输入用户各项信息和密码，单击"创建"按钮，完成新用户创建，在"计算机管理"窗口中可以看到新用户。

4）打开开始菜单，单击 弹出如图 2-53 所示的菜单，选择 Mary，可以进行用户的切换，这时输入密码进行登录，新用户可以使用计算机。

（2）更改用户账户。

1）以管理员账户登录系统，在图 2-36 所示控制面板中单击"更改账户类型"，进入如图 2-54 所示的"管理账户"窗口。

图 2-52  创建新用户

图 2-53  切换用户

图 2-54  管理账户

2）在图 2-54 中单击选择需要更改的用户，打开如图 2-55 所示的"更改账户"窗口。此处可以更改账户的名称、账户类型，创建密码，删除账户，还可以选择管理其他账户。如图 2-56 所示，也可以更改账户。

（3）删除用户账户。删除用户账户也是只有管理员用户才可以进行的操作，在如图 2-56 所示的"计算机管理"窗口中右击 Mary 账户，在快捷菜单中选择"删除"命令。打开如图 2-57 所示的删除账户确认对话框，选择"是"，完成删除操作。

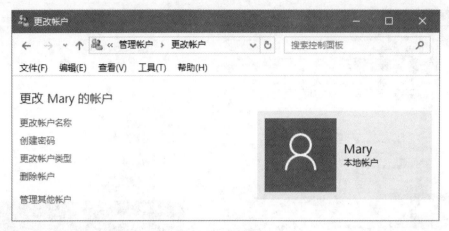

图 2-55 更改账户

图 2-56 删除账户

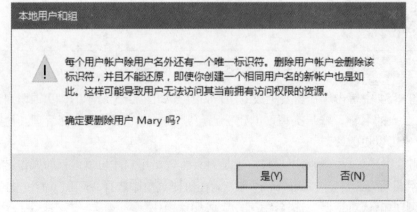

图 2-57 删除确认对话框

### 三、实验练习

（1）启动控制面板。

（2）更改桌面背景，设置屏幕保护程序。

（3）设置系统日期为 2018 年 10 月 1 日，时间为 8 点 9 分 10 秒。

（4）设置鼠标为左手鼠标。

（5）设置任务栏自动隐藏。

（6）创建一个标准账户，并以此账户登录。

# 实验 4  附件

### 一、实验目的

（1）熟悉 Windows 10 常用附件的功能。

（2）掌握"写字板"程序的使用方法。

（3）掌握"画图"程序的使用方法。

### 二、实验内容及步骤

1. 写字板的应用

【案例 1】利用"写字板"程序，按下列要求建立一个文档，样文如图 2-58 所示。

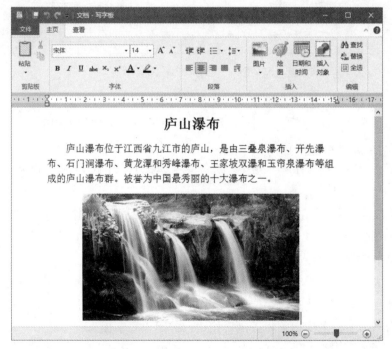

图 2-58  "写字板"程序应用示例

（1）标题为"庐山瀑布"，并设为宋体、20 号、加粗，居中对齐。

（2）正文如图并设为 14 号、宋体、向左对齐文本、首行缩进 1 厘米。

（3）插入图片，图片在桌面上，文件名"瀑布"，设置图片居中对齐。

（4）保存文档到 D 盘根目录下，文件名为"庐山瀑布.rtf"。

操作方法如下：

（1）使用"开始"菜单启动"写字板"应用程序。选择"开始"→"Windows 附件"→"写字板"命令，即可打开"写字板"程序。

（2）输入文本。在文档编辑区输入文档的标题，按 Enter 键，在下一行输入文档的正文。

（3）插入图片。单击图 2-58 中功能区的"图片"，打开如图 2-59 所示的"选择图片"对话框，选中图片，单击"打开"按钮，图片插入文档。

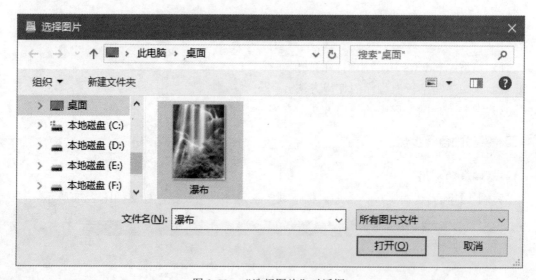

图 2-59　"选择图片"对话框

（4）在功能区的"主页"选项卡下对文档进行排版。

① 选定标题文字，在"字体"组中，选择"字体系列"下拉列表中的"宋体"，选择"字体大小"下拉列表中的 20，单击"加粗"按钮 **B**；单击"段落"组中的"居中"按钮 ≡。

② 选定正文文字，在"字体"组中，选择"字体大小"下拉列表中的 14，选择"字体系列"下拉列表中的"宋体"。

③ 单击"段落"组中的"左对齐"按钮 ≡，单击"段落"按钮 ≣，打开"段落"对话框，在"首行"文本框中输入"1 厘米"，然后单击"确定"按钮，关闭"段落"对话框。

④ 单击选中图片，单击"段落"组中的"居中"按钮 ≡。

（5）单击快速访问工具栏中的"保存"按钮 🖫，弹出如图 2-60 所示"保存为"对话框，输入文件名"庐山瀑布"，选择保存位置"D:"，单击"保存"按钮，关闭对话框。

（6）单击"写字板"窗口的"关闭"按钮，关闭"写字板"程序。

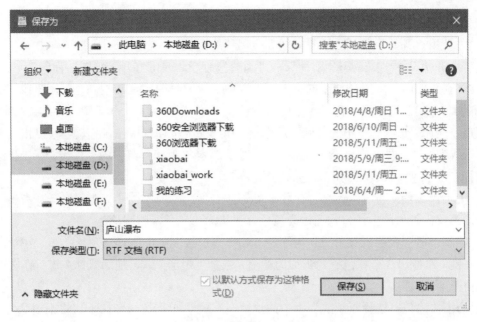

图 2-60　"保存为"对话框

**2. 画图的应用**

【案例 2】利用"画图"程序绘制一幅几何图画，如图 2-61 所示。要求如下：

（1）输入文本"画图练习"，字体微软雅黑，字号 20。

（2）小鸭身为黄色，鸭头为灰色，小鸭眼睛和腿为黑色。

（3）树身为绿色，太阳为红色，太阳光辉为黄色。

（4）保存文档到 D 盘根目录下，文件名为 picture.png。

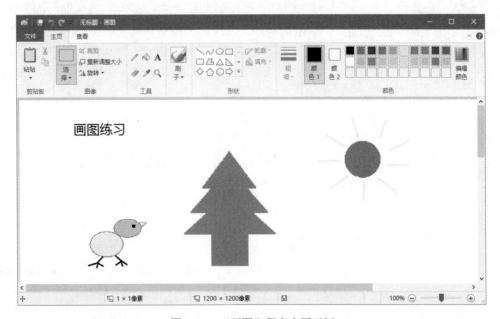

图 2-61　"画图"程序应用示例

操作方法如下：

（1）使用"开始"菜单启动"画图"应用程序。

选择"开始"→"Windows 附件"→"画图"命令，即可打开"画图"程序。

（2）在绘图区，利用功能区的"主页"选项卡下的绘图工具，绘制几何图形：

① 绘制小鸭：选中"颜色"组中的"颜色 1"，单击颜料盒中的黑色，从而将"颜色 1"设为黑色，选择"形状"组中的"椭圆形" ⬭，在绘图区按住鼠标左键拖动，绘制出一个黑色的椭圆，成为鸭身，如此方法绘制出鸭头、鸭眼；选择"形状"组中的"直线" ◣，在绘图区按住鼠标左键拖动，分别绘制出黑色的鸭腿、鸭嘴。

② 为小鸭涂色：将"颜色 2"设为黄色，选择"工具"组中的"填充" ◈，右击鸭身，将鸭身涂为黄色，如此方法将鸭嘴涂为黄色，鸭头涂为灰色，鸭眼涂为黑色。

③ 绘制小树：设置"颜色 1"为绿色，选择"形状"组中的"三角形" △，在绘图区拖动鼠标左键，绘制出 3 个绿色三角形成为树冠，选择"矩形" ▢，拖动鼠标左键，在树冠下方绘制出树干。

④ 为小树涂色：选择"工具"组中的"填充" ◈，单击树冠和树干，将小树涂为绿色。

⑤ 绘制太阳：设置"颜色 1"为黄色，设置"颜色 2"为红色，选择"形状"组中的"椭圆形" ⬭，按住 Shift 键，按住鼠标右键拖动，绘出一个圆圆的太阳，选择"形状"组中的"直线" ◣，按住鼠标左键拖动，在太阳周边画出几条放射状的黄线，成为太阳光辉。

⑥ 为太阳涂色：选择"工具"组中的"填充" ◈，右击太阳，将太阳涂为红色。

⑦ 单击工具中的"文本"工具 **A**，然后单击绘图区域中想要输入文字的位置，出现文本编辑框和文本工具栏。在文本编辑框中输入文字"画图练习"，在文本工具栏中，在"字体"组中，选择"字体系列"下拉列表中的"微软雅黑"，选择"字体大小"下拉列表中的 20。

（3）单击快速访问工具栏中的"保存"按钮 🖫，弹出"保存为"对话框，输入文件名 picture.png，选择保存位置"D:"，单击"保存"按钮，关闭对话框。

（4）单击"画图"窗口的"关闭"按钮，关闭"画图"程序。

### 三、实验练习

1. 利用"写字板"程序，按照如下要求新建一个文档，并将文档保存在 D 盘下。文件名为 tz.rtf。

（1）文档内容：通知今天下午四点，在综合楼报告厅召开新生开学典礼，请按时参加。

（2）使"通知"成为文章的标题，其余文字为文章正文。

（3）将标题"通知"设置为加粗、黑体、24 号、居中。

（4）将正文（"今天"～"参加"）设置为宋体、20 号、向左对齐文本、首行缩进 1.5 厘米。

（5）使用插入区域的"日期和时间"输入日期。

2. 利用"画图"软件完成如图 2-62 所示图形，并将图片保存在 D 盘下，文件名为 lx.png。要求如下：

（1）输入文字"画图练习"，字体设为宋体，字号设为 28，字形设为加粗。

（2）分别画出圆、正方形、等边三角形、箭头。

（3）分别用红、黄、绿、蓝填充上述图形。

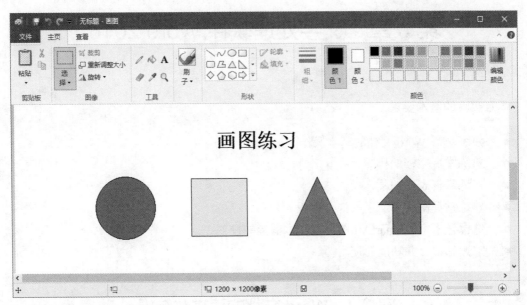

图 2-62　画图练习

3．利用"画图"程序，创建一幅图画，并将文件保存在 D 盘下，文件名为 ht.png。

（1）图片内容任选，要求构图美观大方，文字高雅。

（2）将其设置为墙纸，然后恢复原来的墙纸。

# 第 3 章  文字处理软件 Word 2016

**本章实验的基本要求:**

- 熟练掌握 Word 文档的基本操作
- 熟练掌握文档的排版
- 熟练掌握表格的基本操作
- 熟练掌握图片和文字的混合排版
- 掌握艺术字、SmartArt 图形、文本框等的操作
- 掌握邮件合并功能的使用

## 实验 1  Word 文档的建立与编辑

### 一、实验目的

(1) 掌握文件的新建、打开、保存和关闭等操作。
(2) 掌握文本的查找与替换。
(3) 熟练掌握文本的选中、移动、复制、剪切和粘贴操作。
(4) 掌握文档编辑中"符号"及"特殊符号"的插入方法。

### 二、实验准备

(1) 了解 Word 程序窗口中快速访问工具栏、标题栏、功能区和状态栏等组成元素。
(2) 在某个磁盘(如 D 盘)下创建自己的文件夹。

### 三、实验内容及步骤

【案例 1】创建文档并保存。

要求:在 Word 中录入如图 3-1 所示的内容(不包括外边框),并保存为"文档 1.docx",保存位置为自己的文件夹。

操作步骤:

(1) 启动 Word 2016 后,在开始界面单击"空白文档",即可新建 Word 文档。

(2) 文档内容输入结束后,单击窗口左上角快速启动栏中"保存"按钮■,或切换到"文件"选项卡,单击选择"保存"或"另存为",然后单击"浏览"或双击"这台电脑",找到自己的文件夹,在"文件名"文本框输入文档名,单击"保存"按钮。

Ping pang 球
Ping pang 球，是一种世界流行的球类体育项目，它是一项以技巧性为主，身体体能素质为辅的技能型项目，起源于英格兰。"ping pang 球"一名起源于 1900 年，因其打击时发出"ping pang"的声音而得名。
Ping pang 球直径 40.00 毫米，重量 2.53-2.70 克，白或橙色；
比赛在中间隔有横网的长 274 厘米、宽 152.5 厘米、高 76 厘米的球台上进行；
运动员各站球台一侧，用球拍击球，击法有挡、抽、削、搓、拉等；
比赛以 11 分为一局，采用五局三胜，七局四胜；
比赛分团体、单打、双打、混双等数种。

图 3-1　文档 1.docx 的内容

【案例 2】编辑文档内容。

要求：

（1）将文档中所有的"ping pang"都替换为"乒乓"。

（2）将后 5 段添加项目符号❖。

（3）在文档中插入如下所示的一些符号：

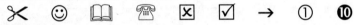

操作步骤：

（1）打开文件后，切换至"开始"选项卡，在最右侧"编辑"组中单击"查找"命令，在左侧打开查找的"导航"窗格，输入查找文本"ping pang"，在正文中会突出显示查找结果。然后单击"替换"命令，在弹出的对话框中单击"全部替换"即可。

（2）选中需添加项目符号的后 5 段，切换至"开始"选项卡，在"段落"组中选择第一个"项目符号"选项卡：≡，在弹出的面板中选择需要的项目符号即可。

（3）切换至"插入"选项卡，在"符号"组中单击"符号"按钮，在弹出的面板中选择"其他符号"，在"字体"下拉列表中，选择最下面的几个"Wingdings""Wingdings2""Wingdings3"，在其中选择需要的特殊符号即可。

## 四、实验练习

（1）在 Word 中录入如图 3-2 所示的内容（不包括外边框），并保存为"文档 2.docx"，保存位置为自己的文件夹。

"文件"菜单→"保存"：用于不改变文件名保存。
"文件"菜单→"另存为"：一般用于改变文件名的保存，包括盘符、目录或文件名的改变。
"文件"菜单→"另存为 Web 页"：存为 HTML 文件，其扩展名为.htm、.html、.htx。

图 3-2　文档 2.docx 的内容

要求：

1）将文档中所有的"文件"都替换为"FILE"。

2）将文档中所有的双引号（""）删除。

（2）在 Word 中录入如图 3-3 所示的内容（不包括外边框），并保存为"文档 3.docx"，保存位置为自己的文件夹。

生活中的理想温度
人类生活在地球上，每时每刻都离不开温度。一年四季，温度有高有低，经过专家长期的研究和观察对比，认为生活中的理想温度应该是：
居室温度保持在 20℃～25℃；
饭菜的温度为 46℃～58℃；
冷水浴的温度为 19℃～21℃；
阳光浴的温度为 15℃～30℃。

图 3-3　文档 3.docx 的内容

要求：

1）将文档中所有的"℃"替换为"℉"。

2）将后 4 段添加项目符号"➤"。

提示："℃"及"℉"的插入方法是，切换到"插入"选项卡，在"符号"组中单击"符号"按钮，选择"其他符号"，在"字体"下拉列表中选择默认的"普通文本"，在"子集"下拉列表中选择"类似字母的符号"，如图 3-4 所示。

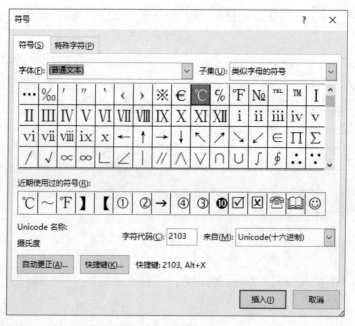

图 3-4　"符号"对话框

# 实验 2　Word 文档的格式设置

## 一、实验目的

（1）熟练掌握字符格式设置和段落格式设置的方法。

（2）熟练掌握边框和底纹的设置方法。

（3）熟练掌握设置页眉、页脚和页码的方法。

（4）熟练掌握首字下沉和分栏的设置方法。

（5）掌握页面设置和打印预览的方法。

（6）掌握项目符号和编号的设置方法。

（7）掌握通过创建和应用样式，建立多级标题的方法。

（8）掌握利用样式生成目录的方法。

## 二、实验准备

在某个磁盘（如 D:\）下创建自己的文件夹。

## 三、实验内容及步骤

文档的排版操作主要通过"开始"选项卡和"布局"选项卡完成。

【案例 1】字符格式的排版。

要求：

（1）在 Word 中录入如图 3-5 所示内容（不包括外边框），并保存为"文档 4.docx"，保存位置为自己的文件夹。

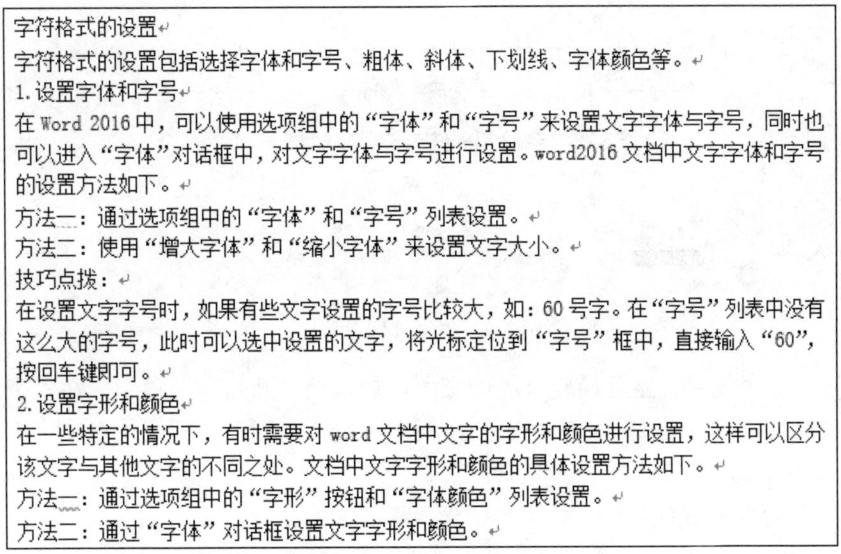

字符格式的设置

字符格式的设置包括选择字体和字号、粗体、斜体、下划线、字体颜色等。

1.设置字体和字号

在 Word 2016 中，可以使用选项组中的"字体"和"字号"来设置文字字体与字号，同时也可以进入"字体"对话框中，对文字字体与字号进行设置。word2016 文档中文字字体和字号的设置方法如下。

方法一：通过选项组中的"字体"和"字号"列表设置。

方法二：使用"增大字体"和"缩小字体"来设置文字大小。

技巧点拨：

在设置文字字号时，如果有些文字设置的字号比较大，如：60 号字。在"字号"列表中没有这么大的字号，此时可以选中设置的文字，将光标定位到"字号"框中，直接输入"60"，按回车键即可。

2.设置字形和颜色

在一些特定的情况下，有时需要对 word 文档中文字的字形和颜色进行设置，这样可以区分该文字与其他文字的不同之处。文档中文字字形和颜色的具体设置方法如下。

方法一：通过选项组中的"字形"按钮和"字体颜色"列表设置。

方法二：通过"字体"对话框设置文字字形和颜色。

图 3-5　文档 4.docx 的内容

（2）将标题文字设置为"华文行楷""加粗""三号"。

（3）将其他所有文字设置为"宋体""倾斜""五号""蓝色"。

（4）将文档中的 2 个标题设置为"加红色的双下划线"，字符间距设置为 10 磅。

（5）将"技巧点拨"设置成"填充-橄榄绿，着色 3，锋利棱台"文字效果。

操作步骤：

（1）设置字符格式。先选中要排版的文字，切换到"开始"选项卡，可以通过"字体"组中选项按钮来设置，也可以单击字体组右侧的对话框启动器[图]，弹出如图 3-6 所示的对话框，在此进行字符间距、字符缩放等更具体的设置。

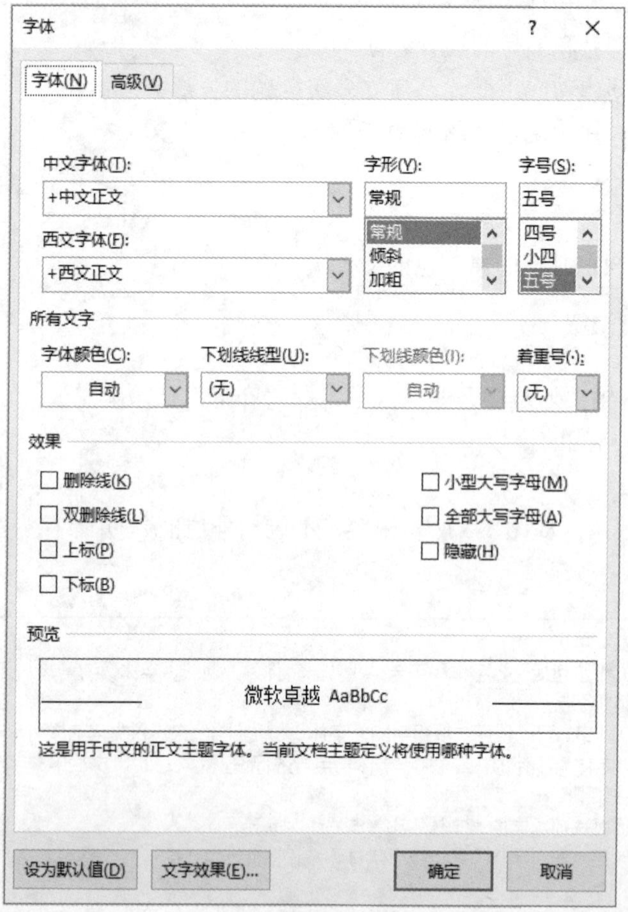

图 3-6　"字体"对话框

（2）设置文字效果。先选择要排版的文字，切换到"开始"选项卡，在"字体"组中单击"文字效果和版式"按钮 A·，在弹出的面板中选择第二行第五列"填充-橄榄绿，着色 3，锋利棱台"效果即可。

【案例 2】段落格式的排版。

要求：对"文档 4.docx"进行如下操作（文中共有 12 个段落）。

（1）段落的设置。

① 缩进的设置：

- 将第 2、4～8、10～12 段设置为首行缩进 2 个字符；
- 将第 10 段设置为左缩进 2 个字符，右缩进 2 个字符。

② 对齐的设置：

- 将第 1 段设置为"三号、隶书"，居中对齐；
- 将第 2 段设置为右对齐；
- 将第 9 段设置为分散对齐。

③ 间距的设置:

- 将正文（除标题）各段行距设为 1.2 倍行距；
- 设置第 7 段段前段后各 0.5 行。

（2）边框和底纹的设置。

- 将第 8 段加绿色边框及浅绿色底纹，应用于段落。
- 将第 3 段和第 9 段加蓝色底纹，应用于文字。

操作步骤:

（1）设置段落格式。先选中要排版的段落，切换到"开始"选项卡，在"段落"组中选择对应按钮进行设置，或单击该组右下角"对话框启动器"按钮，在弹出的如图 3-7 所示的对话框中进行各种设置。

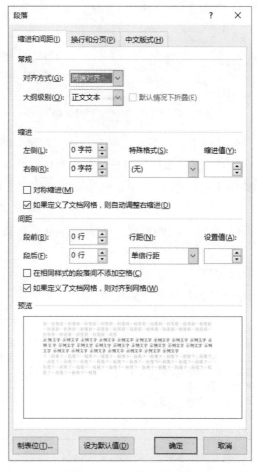

图 3-7 "段落"对话框

**提示**：具体在操作时，可根据需要有效利用"格式刷"工具，提高效率。

（2）设置边框和底纹。选中要排版的段落，切换到"开始"选项卡，在"段落"组中单击"边框"按钮，在弹出的面板中选择最下面的"边框和底纹"，出现如图 3-8 所示的"边框和底纹"对话框。在对话框中使用"边框"选项卡可以为选定的段落或文字设置边框。

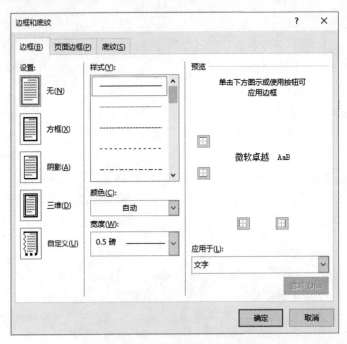

图 3-8　"边框和底纹"对话框

注：在"边框和底纹"对话框中根据需要选择应用于"段落"或应用于"文字"。

【案例 3】设置分栏、首字下沉，添加项目符号和编号。

要求：在 Word 中录入如图 3-9 所示内容（不包括外边框），将第 2 段复制（实达……如下：），并粘贴在最后，使文章有 7 个段落，并保存为"文档 5.docx"，对此文档进行如下的操作：

（1）对第二个自然段进行首字下沉的设置，首字字体为"隶书"，行数为"3 行"，距正文"28 磅"。

（2）将 3～6 段添加项目编号。

（3）将第 7 段分为等宽两栏，栏间加分隔线。

> 时钟电池的更换↵
> 实达计算机主板电池采用长寿命、高性能的锂电池，在正常工作条件下，其使用寿命高达十年，它在计算机开机时，能自动充电。由于计算机的系统设置及所保存的配置，时依靠锂电池供电。因此，请勿随意去除电池，以免 CMOS 设置信息的丢失。如需更换，步骤如下：↵
> 在主板上找到电池安放位置。↵
> 轻轻搬开电池压片，取下旧电池（注意正负极）。↵
> 将新电池换上。↵
> 把压片复位，并装上机箱。↵

图 3-9　文档 5.docx 的内容

操作步骤：

（1）将插入点光标放置到需要设置首字下沉的段落中。在"插入"选项卡的"文本"组中单击"首字下沉"按钮，在打开的下拉列表中选择"首字下沉选项"选项，通过"首字下沉"对话框来设置，如图 3-10 所示，选择中间的"下沉"，然后分别对"字体""下沉行数""距正文"进行设置。

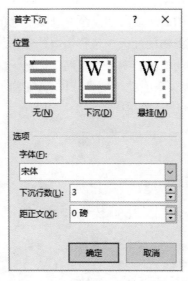

图 3-10　"首字下沉"对话框

　　注：默认的度量单位是"厘米"，如需转换，可切换到"文件"选项卡，选择"选项"，在弹出的"Word 选项"对话框中选择"高级"，在"显示"一栏中将"度量单位"设置为"磅"，如图 3-11 所示。

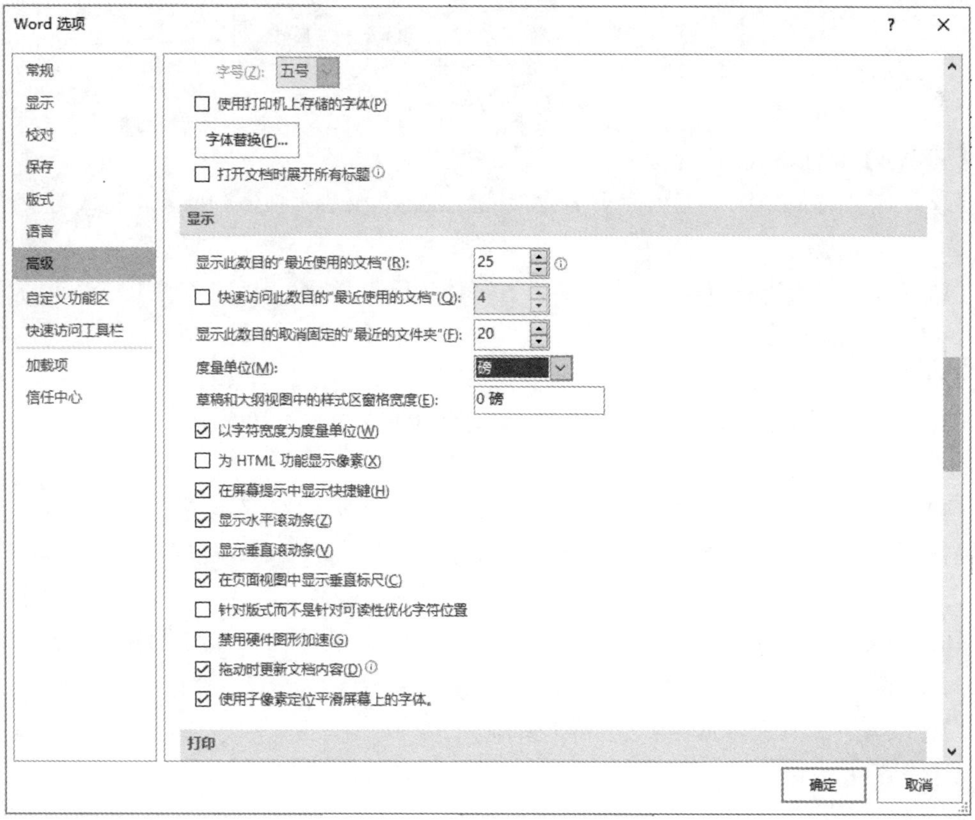

图 3-11　"Word 选项"对话框

（2）选中需添加项目符号的后 4 段，切换至"开始"选项卡，在"段落"组中选择第二个"项目符号"选项卡 ≣ ▾，在弹出的面板中选择需要的项目编号即可。

（3）选中第 7 段内容，将功能区切换至"布局"选项卡，在"页面设置"组中单击"分栏"按钮，打开分栏列表，选择最下面的"更多分栏"，在弹出的如图 3-12 所示的对话框中，选择"两栏"，然后选中"分隔线"，单击"确定"按钮即可。

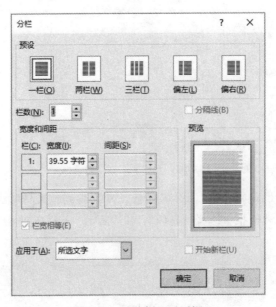

图 3-12　"分栏"对话框

【案例 4】页面格式的设置。

要求：启动 Word 2016，打开"页面设置练习.docx"文件，按下列要求，完成对文档的排版操作。

（1）将标题"唐诗的历程"右对齐，设置字体颜色为"灰色-50%，个性色 3，深色 50%"，大小为 48 磅，微软雅黑体。

（2）纸张大小为 A4 类型，设置页面宽度 27 厘米，高度 27 厘米。

（3）设置上下左右页边距均为 3 厘米，装订线位置为"左""0.5 厘米"，每行 40 个字符；每页 43 行。

（4）设置奇数页页眉为"第三章 Word"，设置偶数页页眉为"实验指导"，在页脚部分插入页码普通数字 1，页眉、页脚均为宋体，小五号，居中对齐。

（5）添加页面边框：方框，边框颜色为浅蓝，3 磅。

（6）为文章第四段"初唐四杰"插入批注，设置批注内容为"初唐四杰为王勃、杨炯、卢照邻、骆宾王，建议将其加到原文中"。

（7）设置页面颜色填充效果为"羊皮纸"。

操作步骤：

（1）略。

（2）切换至"布局"选项卡，在"页面设置"组中选择"纸张大小"，在弹出的列表框里选择"其他纸张大小"，在弹出的"页面设置"对话框中，可以看到纸张默认是"A4"，在页面宽度和高度栏中分别输入对应的值即可。

（3）切换至"布局"选项卡，在"页面设置"组中选择"页边距"，选择"自定义边距"，在弹出的"页面设置"对话框中"页边距"选项卡内分别按要求设定上、下、左、右页边距和装订线的相关参数；然后切换到"文档网格"选项卡，在"网格"一栏单击"指定行和字符网格"单选按钮，然后在每行字符数和每页行数分别输入对应数值即可。

（4）设定奇偶页不同的页眉页脚的方法：切换到"布局"选项卡，在"页面设置"组中单击右下角的"对话框启动器"按钮 ，在弹出的"页面设置"对话框中选择"版式"选项卡，在"页眉和页脚"一栏，选中"奇偶页不同"复选框，单击"确定"按钮。然后切换到"插入"选项卡，在"页眉和页脚"组中单击"页眉"按钮，打开"页眉"样式列表，选择一种页眉样式，然后进入页眉编辑状态，这时可以输入页眉的内容。输入结束，单击"关闭页眉和页脚"按钮。

提示：设定"奇偶页不同的页眉和页脚"后，需要在奇数页和偶数页分别输入页眉和页脚内容。

（5）切换到"开始"选项卡，在"段落"组中单击"边框"按钮，  ，在弹出的面板中选择最下面的"边框和底纹"，选择"页面边框"选项卡，在"设置"一栏选择"方框"，在"颜色"中选择下面标准色中的"浅蓝"，"宽度"设置为 3 磅，单击"确定"按钮即可

（6）将插入点光标放置到需要添加批注内容的后面，或选择需要添加批注的对象。在"审阅"选项卡中的"批注"组中单击"新建批注"按钮，此时在文档中将会出现批注框。在批注框中输入批注内容即可创建批注。

（7）切换到"设计"选项卡，在"页面背景"组中单击"页面颜色"按钮，选择最下面的"填充效果"，在弹出的"填充效果"对话框中选择"纹理"选项卡，第 4 排第 3 个即为"羊皮纸"效果，单击选中后，单击"确定"按钮即可。

【案例 5】设置多级标题，生成目录及页眉页脚、页码等。

要求：启动 Word 2016，打开"插入目录练习.docx"文件，按下列要求完成对文档的排版操作。

（1）设置多级标题。通过创建和应用样式，建立多级标题。当后期对文档进行修订、更改时，文档就会根据设置的样式自动更新排版，避免从头到尾再次进行重复繁杂的操作。

本例设置三级标题，各标题格式要求：

① 一级标题：黑体、二号；段前段后 0.5 行。

② 二级标题：宋体、三号；单倍行距，段前段后 0.5 行。

③ 三级标题：黑体、小四；1.5 倍行距，段前段后 0.5 行。

（2）插入目录。目录是书籍所必须具备的重要组成部分，通过目录，读者不仅可以了解到图书内容的基本层次结构，还可以便捷地找到所要查阅内容所对应的页码，从而有效地提高阅读效率。

本例操作要求：在文章标题前插入三级文档目录，显示页码，页码右对齐。

（3）分节设置。为了便于对不同章节的文档的页眉和页脚进行不同的设置。本例设置要求：将目录和正文单独进行分节设置，单独设置页码。

（4）插入页眉/页脚。本例设置要求：

① 正文第一页页眉不显示任何内容。

② 正文第二页及第二页之后的所有奇数页页眉显示章节标题"第 3 章 字处理软件 Word 2016"，显示位置为"居中"。

③ 正文第二页及第二页之后所有偶数页显示书籍名称"大学计算机基础"，显示位置"居中"。

（5）插入页码。插入页码是在使用 Word 时经常用到的功能。

本例设置要求：

① 目录页码：页码用 I、II…，居中显示。

② 正文页码：页码用 1、2…，居中显示。

操作步骤：

（1）设置多级标题。

① 切换到"开始"功能区，在"样式"组中单击"其他"按钮 ，在弹出的列表中选择"创建样式"，将弹出如图 3-13 所示的"根据格式设置创建新样式"对话框，输入样式名称"章节标题"，单击"修改"按钮，在新弹出的对话框中"样式基准"选择"标题 1"，然后在"格式"一栏设置字体为黑体、二号，单击"格式"按钮，在弹出的列表中选择"段落"，在"段落"对话框中，设置段前段后 0.5 行，单击"确定"按钮，完成"章节标题"样式的创建，同时在"快速样式"面板将自动出现新创建的样式。创建方法如图 3-14 所示。

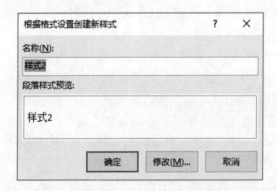

图 3-13　"根据格式设置创建新样式"对话框

② 根据创建"章节标题"样式的方法，创建"二级标题"样式和"三级标题"样式。

③ 选择要设置标题样式的段落，切换到"开始"功能区，在"样式"组中单击"对话框启动器"按钮，在弹出的"快速样式"面板中选择单击相应的标题样式（如"二级标题"样式），完成对当前段落的标题样式设置。

④ 按照步骤③设置所有的标题段落，完成文档多级标题的设置。

（2）插入目录。

① 将插入点置于章节标题开始处，切换到"引用"功能区，在"目录"组中单击"目录"三角按钮，在弹出的列表中选择"自定义目录"，将弹出"目录"对话框，按图 3-15 所示设置相关参数，单击"确定"按钮，则在章节标题前面插入了三级文档目录，并且显示页码，页码右对齐。

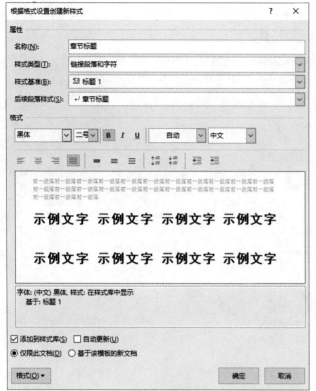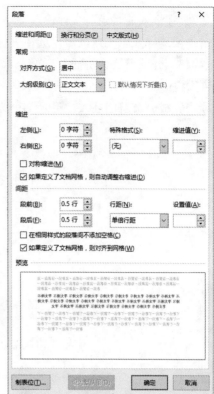

图 3-14 创建样式

图 3-15 目录设置

② 在插入的目录前一行输入文字"目录"，选中"目录"俩字，切换到"开始"功能区，单击"快速样式"三角按钮，选择"标题"样式，完成标题"目录"格式设置。

（3）分节设置。将插入点置于章节标题的开始位置，切换到"布局"功能区，在"页面设置"组中单击"分隔符"三角按钮，出现"分隔符"面板（如图3-16所示），选择"下一页"选项，完成分节符的插入，目录部分为第一节，正文部分为第二节。

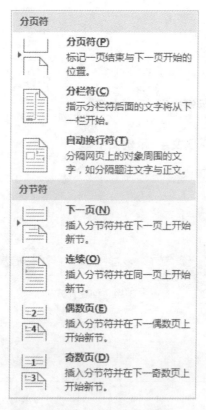

图 3-16 　"分隔符"面板

（4）插入页眉/页脚。

① 将插入点置于第一节（目录）的任意页，双击该页"上边距"区，进入页眉编辑区，切换到"页眉和页脚工具/设计"功能区，在"选项"组中选择"奇偶页不同"和"首页不同"两个复选框。

② 在"页眉和页脚工具/设计"功能区的"导航"组中单击"下一节"按钮，进入第二节页眉编辑区，单击"链接到前一条页眉"按钮，取消与前一节页眉内容的链接。

③ 插入点置于第二节偶数页页眉编辑区，输入"大学计算机基础"。

④ 插入点置于第二节奇数页页眉编辑区，输入"第3章　字处理软件Word 2016"，在"关闭"组中单击"关闭页眉和页脚"按钮，完成页眉和页脚的设置。

（5）插入页码。

① 将插入点置于目录首页，切换到"插入"功能区，在"页眉和页脚"组中单击"页码"三角按钮，选择"页面底端"选项，选择"普通数字2"。

② 切换到"插入"功能区，在"页眉和页脚"组中单击"页码"三角按钮，选择"页码格式"选项，弹出"页码格式"对话框，按照如图 3-17 所示设置页码格式，单击"确定"按钮，完成第 1 节页码的插入和格式设置。

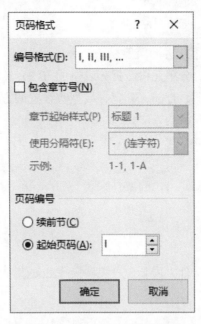

图 3-17　第一节页码格式设置

③ 按照上面第①、②步骤，在正文的奇数页和偶数页分别插入页码，并分别进行页码格式设置，如图 3-18 所示，完成第 2 节的页码插入和格式设置。

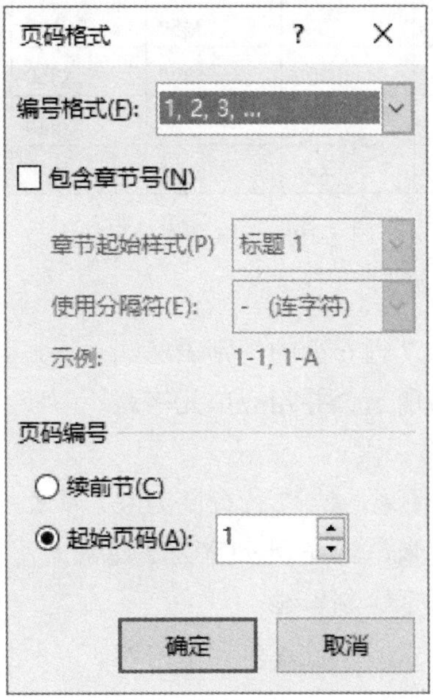

图 3-18　第二节页码格式设置

# 实验 3  Word 表格的操作

## 一、实验目的

（1）掌握规则表格的设计方法。
（2）掌握合并单元格、拆分单元格、拆分表格的方法。
（3）掌握对表格进行边框、行高、列宽、线型等设置的方法。
（4）掌握将文字转化为表格的方法。

## 二、实验准备

在某个磁盘（如 D:\）下创建自己的文件夹。

## 三、实验内容及步骤

【案例 1】表格的操作。

启动 Word 2016，在自己文件夹内新建"表格操作.docx"文档文件，按下列要求操作，最后完成结果如图 3-19 所示。

| 产品销售情况表 | | | | | |
| --- | --- | --- | --- | --- | --- |
| 日期 产品名 | 2015 年 | | 2016 年 | | 2017 年 |
| | 上半年 | 下半年 | 上半年 | 下半年 | 上半年 |
| 电视机 | 3000 | 3450 | 2120 | 1960 | 3500 |
| 洗衣机 | 2120 | 4890 | 1350 | 2340 | 2560 |
| 电冰箱 | 1560 | 1260 | 2560 | 1980 | 2110 |
| 总计 | 6680 | 9600 | 6030 | 6280 | 8170 |

图 3-19　表格操作效果样张

要求：

（1）绘制表格：制作一个 7 行 6 列的规则表格。
（2）合并单元格：按样张所示合并相应单元格。
（3）设置列宽和行高：
① 设置第 1 行行高为 1.2 厘米，2～7 行行高为 0.7 厘米。
② 设置第 1 列列宽为 4 厘米，2～6 列列宽为 2 厘米。
（4）绘制斜线：按样张所示绘制斜线。
（5）输入表格内容：按样张所示输入单元格内容。
（6）格式化表格内容：
① 第 1 行：单元格水平及垂直居中，字体为楷体、加粗、三号字。

② 第 2 行第 2 列到第 3 行第 6 列：中部居中，字体为楷体、五号字。

③ 第 1 列第 4 行至第 7 行：中部两端对齐，字体为楷体、五号字。

④ 第 2 列第 4 行到第 6 列第 7 行：靠下右对齐，字体为楷体、五号字。

（7）修饰表格：

① 将第 1 行的边框设置为双线，金色，个性色 4，深度 25%，0.75 磅，并将该行底纹设置为黄色。

② 将第 7 行的底纹设置为"白色-25%"，底纹的图案式样为 10%，图案颜色为"金色，个性色 4，淡色 40%"。

（8）输入公式计算单元格：第 7 行的数据要求用表格中的公式计算。

操作步骤：

（1）绘制表格。将插入点置于文档表格插入位置，切换到"插入"功能区，在"表格"组中单击"表格"三角按钮，在弹出的下拉列表中选择"插入表格"命令，出现"插入表格"对话框，在表格尺寸栏输入表格的行数 7 和列数 6，单击"确定"按钮，一个规则的 7 行 6 列的表格插入到文档中。插入表格设置如图 3-20 所示。

图 3-20　插入表格设置

（2）合并单元格。

● 选取表格第 1 行，切换到"表格工具/布局"功能区，在"合并"组中单击"合并单元格"按钮，即可将第一行合并为一个单元格，如图 3-21 所示。

● 按照上一步操作完成其他相应单元格的合并操作。

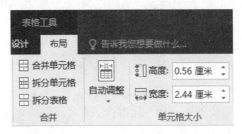

图 3-21　"合并"及"单元格大小"组

（3）设置列宽和行高。

● 选择表格第 1 行，切换到"布局"功能区，在"单元格大小"组中大的"高度"框中输入"1.2 厘米"，在第 2 行左边选定区拖动鼠标到最后一行，选定其余 6 行，在"高度"框中输入"0.7 厘米"，完成表格行高的设置。

● 将鼠标指向表格左上角的十字交叉标记 ⊞，选中整个表格，右击选定区，在弹出的快捷菜单中选择"表格属性"，出现"表格属性"对话框，然后选择"列"选项卡，单击"后一列"按钮，此时自动选中第一列，在"指定宽度框"中输入"4 厘米"，设置好第 1 列宽度，然后单击"后一列"按钮，自动选中第 2 列，在"指定宽度框"中输入"2 厘米"，设置好第 2 列宽度，用同样方法完成第 3 到第 6 列的宽度的设置，单击"确定"按钮，完成列宽的设置。表格列宽设置如图 3-22 所示。

图 3-22　表格列宽设置

（4）绘制斜线。选择要绘制斜线的单元格，切换到"开始"功能区，在"段落"组中单击"边框"按钮 ⊞▾，在弹出的列表中选择"边框与底纹"命令，出现"边框与底纹"对话框，在"边框"选项卡中单击"斜线"按钮，如图 3-23 所示设置，单击"确定"按钮，完成斜线绘制。

（5）输入表格内容。按样张所示输入单元格内容。

（6）格式化表格内容。

● 选择表格第一行，切换到"开始"功能区，在"字体"组中设置楷体、加粗、三号字，完成对第一行单元格内容的字体设置。

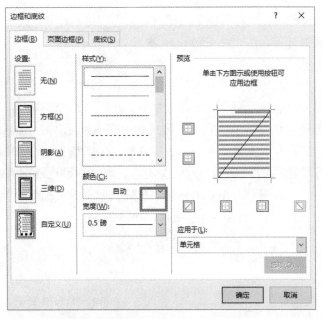

图 3-23　斜线表头设置

- 选择表格第一行，切换到"开始"选项卡，在"段落"组中单击"居中"按钮，完成水平方向居中；然后右击，在弹出的快捷菜单中选择"表格属性"，在弹出的"表格属性"对话框中单击"单元格"选项卡，如图 3-24 所示，在"垂直对齐"方式中选中"居中"，然后单击"确定"按钮即可。这样就完成第一行单元格对齐方式的设置。

图 3-24　"表格属性"对话框"单元格"选项卡

- 按照上两步操作，完成对其他单元格内容的相应格式设置，注意"中部两端对齐"指的是垂直居中对齐，水平两端对齐。

（7）修饰表格。

- 选择表格第1行，切换到"开始"功能区，在"段落"组中单击"边框"按钮，在弹出的列表中选择"边框与底纹"命令，出现"边框与底纹"对话框，在"边框"选项卡内选择"方框"，在"样式"区选择"双线"，在颜色框中选择"金色，个性色4，深度25%"，在"宽度"下拉列表中选择"0.75磅"，单击"确定"按钮，完成第1行边框的设置。边框设置如图3-25所示。底纹的设置是在"边框和底纹"对话框中选择"底纹"选项卡，在"填充"下拉列表中将颜色选为"黄色"即可。

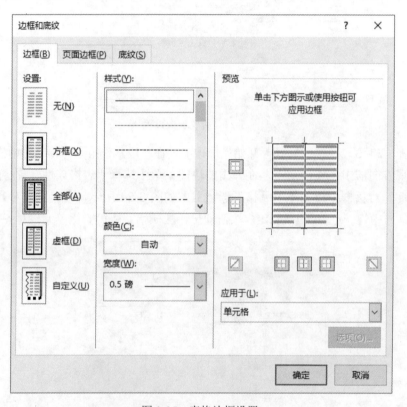

图3-25 表格边框设置

- 选择表格第7行，切换到"开始"功能区，在"段落"组中单击"边框"按钮，在弹出的列表中选择"边框与底纹"命令，出现"边框与底纹"对话框，选择"底纹"选项卡，在"填充"下拉列表中选择"白色-25%"，在"图案"区"样式"下拉列表中选择"10%"，"颜色"选择"金色，个性色4，淡色40%"，然后单击"确定"按钮，完成第7行底纹的设置。底纹设置如图3-26所示。

（8）输入公式计算单元格。

- 将插入点置于第7行第2列，切换到"表格工具/布局"功能区，在"数据"组中单击"公式"按钮，出现"公式"对话框，计算上方单元格数据和的设置如图3-27所示。

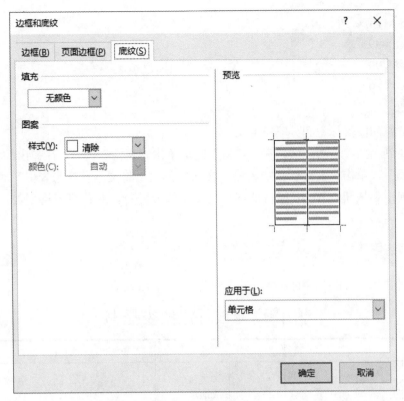

图 3-26　表格底纹设置

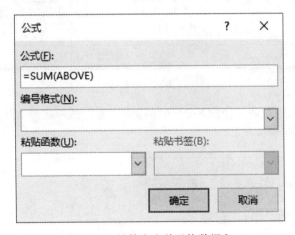

图 3-27　计算上方单元格数据和

- 将插入点置于第 7 行第 3 列，按 F4 键，上面单元格数据的和显示在单元格中。
- 单元格第 7 行的 4～6 列的单元格，均可按上一步骤方法将相应单元格上面数据的和显示在对应单元格中。

【案例 2】将文本转换为表格。

要求：在自己文件夹下输入下列文字，文本中的每一行用段落标记符分开，每一列用分隔符（如空格、逗号或制表符等）分开。将其转换为表格，并保存为"表格 2.docx"。

姓名 数学 语文 外语

王光 95 88 99

石佳 96 88 90

郑大 90 93 89

操作步骤：

- 选定添加段落标记和分隔符的文本。
- 切换到"插入"功能区，在"表格"组里单击"表格"按钮，在弹出的"插入表格"面板中，单击"文本转换成表格"按钮，弹出"将文本转换为表格"对话框，单击"确定"按钮，Word 能自动识别出文本的分隔符，并计算表格列数，即可得到所需的表格。

## 四、实验练习

（1）绘制如图 3-28 所示的表格，并保存为"表格 1.docx"。

### 中国商业银行汇票委托书

| 汇款人 | | | 收款人 | | | | | | | | |
|---|---|---|---|---|---|---|---|---|---|---|---|
| 账号<br>或地址 | | | 账号<br>或地址 | | | | | | | | |
| 兑付地点 | 省　市 | | 汇款用途 | | | | | | | | |
| 汇款金额<br>人民币 | | | | 十 | 万 | 千 | 百 | 十 | 元 | 角 | 分 |
| | | | | | | | | | | | |

图 3-28　表格 1

（2）新建 Word 文档，输入如图 3-29 所示内容（不包括外边框），保存为"表格 2.docx"，并按要求完成操作。

```
时间：　路线
第一天：　象鼻山-日月双塔-靖江王城-西江四湖
第二天：　冠岩-漓江-九马画山-兴坪古镇-西街
第三天：　大榕树-月亮山-十里画廊-遇龙河
```

图 3-29　表格 2 内容

要求：

① 将文档内容转化为 4 行 2 列表格，设置表样式为"网格表 1 浅色-着色 2"；

② 设置第一列列宽 5 厘米，第二列列宽 9 厘米。

**提示：** 文本中的每一行用段落标记符分开，每一列用分隔符（如空格、逗号或制表符等）分开。

（3）绘制如图 3-30 所示的表格，并保存为"表格 3.docx"。

# 招聘登记表

| 姓名 | | 民族 | | 照片 |
|---|---|---|---|---|
| 出生日期 | | 政治面貌 | | |
| 英语程度 | | 联系电话 | | |
| 就业意向 | | | | |
| E-mail 地址 | | | | |
| 通信地址 | | | | |

| 有何特长 | |
|---|---|
| 奖励或处分情况 | |

| 简历 | 时间 | 所在单位 | 职务 |
|---|---|---|---|
| | | | |
| | | | |
| | | | |
| | | | |

学院推荐意见：

（盖章）

年　月　日

| 学校就业办意见 | | 用人单位意见 | |
|---|---|---|---|
| | （盖章）<br><br>年　月　日 | | （盖章）<br><br>年　月　日 |

图 3-30　表格 3 内容

# 实验 4　Word 文档的图文混排

## 一、实验目的

（1）掌握图片、艺术字、SmartArt 图形等的插入方法。

（2）掌握图片的排版方法。

（3）掌握文本框的使用方法及功能。

（4）掌握自选图形的绘制方法。

（5）掌握输入数学公式的方法。

## 二、实验准备

在某个磁盘（如 D:\）下创建自己的文件夹，将老师给的例文及相关素材复制到自己文件夹下。

## 三、实验内容及步骤

**【案例 1】** 美化文档（插入图片、自选图形、艺术字、脚注）。

启动 Word 2016，打开"图文混排练习.docx"，按下列要求完成操作，效果如图 3-31 所示。

图 3-31　图文混排练习效果图

要求：

（1）在正文第一自然段后，插入图片"女排夺冠.jpg"，缩放 95%，环绕方式为上下型。

（2）在文章开头插入艺术字，题目为"女排精神 中国精神"，艺术字样式采用第 3 行第 4 列的样式；字体为隶书、小初号；上下型环绕；形状样式采用第 4 行第 2 列的样式（即细微效果-蓝色，强调文字颜色 1），形状效果设为"预设 4"效果。

（3）在页面底端为正文第一段首个"里约"插入脚注，编号格式为"①，②，③……"，注释内容为"里约热内卢，巴西第二大工业基地"。

（4）在正文最后插入自选图形，如图 3-31 所示，形状为无填充色；轮廓为黑色 0.25 磅单实线；在自选图形上添加文字"坚持不懈永不言弃"，根据文字调整形状大小；文字格式为宋体、小三号、加粗,居中，黑色。

（5）将正文倒数第 2 段分为等宽两栏，有分隔线。

（6）设置奇数页眉为"女排精神"，偶数页眉为"永不言弃"，页脚部分插入页码（阿拉伯数字）；页眉和页脚均为宋体，小五号，居中对齐。

操作步骤：

（1）插入图片：打开源文件"图文混排.docx"文档，将插入点置于第二段开头处，切换到"插入"功能区，在"插图"组中单击"图片"按钮，找到自己文件夹下的"女排夺冠.jpg"文件，单击"插入"按钮即可。选中该图片，切换到"图片工具/格式"功能区，在"大小"组中单击"对话框启动器"按钮，将弹出"布局"对话框，在"缩放"一栏中将"宽度"和"高度"均设为"95%"，单击"确定"按钮即可。或选中图片后，右击，在弹出的快捷菜单中选择"大小和位置"，也将弹出"布局"对话框，进行与前面相同的设置即可。

（2）插入艺术字：将插入点置于第一段开头处，切换到"插入"功能区，在"文本"组中单击"插入艺术字"按钮，在弹出的列表中选择第 3 行第 4 列的样式，即"填充，白色，轮廓-着色 2，清晰阴影-着色 2"。然后在弹出的文本框中输入艺术字内容"女排精神 中国精神"。选中该艺术字，在"绘图工具/格式"功能区的"排列"组中，单击"环绕文字"按钮，选择"上下型环绕"；在"形状样式"组中，依次单击"形状效果"→"预设"→"预设 4"，即可完成设置。

（3）插入脚注：把插入点定位在"里约"后面，然后将功能区切换至"引用"选项卡，单击"脚注"组中对话框启动器按钮，将弹出"脚注和尾注"对话框，在"格式"一栏中的"编号格式"中选择要求的"①，②，③……"格式，然后单击"插入脚注"命令，则在插入点位置以一个上标的形式插入了脚注标记。接着可以输入脚注内容。

（4）插入自选图形操作。

● 切换到"插入"功能区，在"插图"组中单击"形状"按钮，选择"前凸带形"形状，在文档末尾处拖动鼠标绘制适当大小的自选图形，复制自选图形 7 次，按样张所示排列好自选图形。

● 设置自选图形格式操作：选择第一个自选图形，按住 Shift 键加选其他自选图形，然后切换到"绘图工具/格式"功能区，在"形状样式"组中单击"形状填充"按钮，选择"无填充颜色"；单击"形状轮廓"按钮，主题颜色选"黑色"，"粗细"选择"0.25 磅"，"虚线"选择"实线"。

- 添加自选图形文字：选择第一个自选图形，单击"对话框启动器"按钮，出现"设置形状格式"对话框，选择"布局属性"选项，选择"文本框"，在弹出的面板中选择"根据文字调整文本框大小"；选取第一个自选图形，右击，选择"添加文字"命令，输入文字内容，选取输入的文字，按要求设置字体格式，完成文字的添加和格式设置。按上面步骤添加其他自选图形的文字。
- 组合自选图形和版式设置：选取所有的自选图形，右击，选择"组合"，单击"组合"命令，即可将所有的自选图形组合成一个对象；右击组合对象，选择"其他布局选项"命令，在弹出的"布局"对话框中选择"嵌入型"文字环绕方式。

（5）设置分栏：选中倒数第二段文字，切换到"布局"功能区，在"页面设置"组中单击"分栏"三角按钮，选择"更多分栏"，出现"分栏"对话框，在预设区选择"两栏"，选择"分隔线"复选按钮，然后单击"确定"，完成分栏设置。

（6）插入页眉页脚。

- 切换到"插入"功能区，在"页眉和页脚"组中单击"页眉"按钮，在弹出的列表中选择第一个"空白"，输入页眉内容。
- 在"页眉和页脚工具/设计"功能区的"选项"组中选中"奇偶页不同"复选框。
- 单击该功能区的"导航"组中"转至页脚"按钮，在左侧"页眉和页脚"组中单击"页码"，在弹出的列表中依次选择"页面底端""普通数字1"，设置好格式。
- 将鼠标移至偶数页，按上面方法编辑页眉和页脚内容，并按要求设置好格式。

【案例2】插入SmartArt图形。

要求：新建Word文档，文件名为"练习1.docx"，输入如下文字（不包括外边框）。在该文档中插入SmartArt图形，图形样式为"垂直块列表"，颜色设置为"彩色范围-个性色4-5"。

---

【夏】：山海关位于秦皇岛，夏季气候凉爽，是理想的避暑胜地。
【春秋】：是候鸟迁徙季节，是观鸟专项游的最佳时段。
【冬】：可赏山海关冬季的雪景，别有一番感受。

---

操作步骤：

打开Word文档，将功能区切换到"插入"选项卡，单击"插图"组中的"SmartArt"按钮，在弹出的"选择SmartArt图形"对话框中，选择第6行第3列的"垂直块列表"，单击"确定"按钮，在对应位置输入相应的文本内容即可。

若要更改颜色，先选中图形，切换到"SmartArt图形/设计"功能区，在"SmartArt样式"组中单击"更改颜色"按钮，选择题目要求颜色即可，效果如图3-32所示。

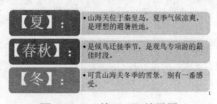

图3-32　"练习1"效果图

【**案例 3**】绘制流程图。

要求：在 Word 中绘制如图 3-33 所示的流程图，并将所有图形组合为一个图形，命名为"练习 2.docx"，保存在自己的文件夹中。

操作步骤：

（1）功能区切换至"插入"，单击"插图"组的"形状"按钮，在弹出的下拉列表中的"流程图"组中，选择相应的工具进行图形的绘制，如图 3-34 所示。

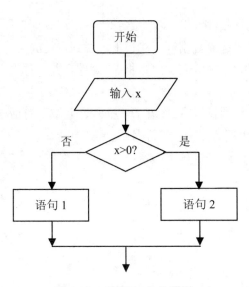

图 3-33    "练习 2"效果图

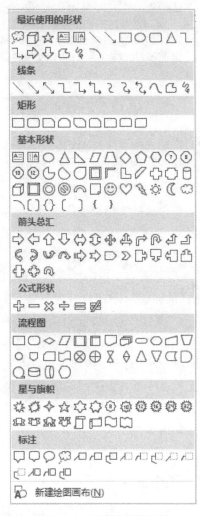

图 3-34    "形状"下拉列表

（2）组合图形。按住 Shift 键，依次单击自选图形，选定所有图形。然后右击，在弹出的快捷菜单中选择"组合"，将所有的图形进行组合，成为一个图形。

**提示**：流程图中"是"和"否"两个字可以借助插入文本框输入。

【**案例 4**】邮件合并。

要求：在 Word 文档中输入以下内容（不包括外边框），请用"邮件合并"功能在"尊敬的"和"（老师）"文字之间，插入拟邀请的专家和老师姓名，拟邀请的专家和老师姓名在"通讯录.xlsx"文件中。每页邀请函中只能包含一位专家或老师的姓名,所生成的邀请函文档以"练习 3.docx"为名字保存在自己文件夹中。

操作步骤:

(1)打开 Word,输入如图 3-35 所示的文字内容。

邀请函

尊敬的　　　　（老师）:
　　校学生会兹定于 2018 年 10 月 22 日,在本校大礼堂举办"大学生网络创业交流会"的活动,并设立了分会场演讲主题的时间,特邀请您为我校学生进行指导和培训。
谢谢您对我校学生会工作的大力支持。

校学生会 外联部
2018 年 9 月 8 日

图 3-35　"练习 3"效果图

(2)将插入点置于"尊敬的"后,切换到"邮件"功能区,在"开始邮件合并"组中单击"开始邮件合并"按钮,在弹出的下拉列表中选择"邮件合并分步向导",此时在窗口右侧会出现"邮件合并"窗格。

(3)在"选择文档类型"中选择"信函"。然后单击"下一步:开始文档",选择"使用当前文档"。

(4)单击"下一步:选择收件人",在"选择收件人"一栏中选择"使用现有列表",并在"使用现有列表"中单击"浏览"按钮,打开"选取数据源"对话框,找到自己的文件夹,选择"通讯录.xlsx",单击打开,在接下来出现的"选择表格"对话框、"邮件合并收件人"对话框中单击"确定"按钮。

(5)单击"下一步:撰写信函",单击"其他项目",在打开的"插入合并域"对话框中单击"插入"及"关闭"按钮,可以看到"尊敬的"后面有"《姓名》"域。

(6)单击"下一步:预览信函",就可以看到姓名了,单击窗格"收件人"的切换按钮,可在文档中查看各个收件人的姓名。

(7)单击"下一步:完成合并",将文档保存为"练习 3.docx",保存位置为自己的文件夹。

## 四、实验练习

(1)在 Word 文档中输入如图 3-36 所示的内容,命名为"练习 4.docx",完成以下操作。

① 标题使用艺术字,艺术字样式为"渐变填充-蓝色,着色 1,反射";

② 使用公式编辑器插入公式;

③ 插入自选图形中的云形标注,设置轮廓即边框为黑色,标注内无填充颜色;

④ 文字下面依次画出圆、正方形、正三角形、五角星和正方体,颜色依次为:绿、红、蓝、红色-玫瑰红的水平双色过度色、橙色-个性色 2-深度 25%,并把这几个图形组合成一个图形,效果如图 3-36 所示。

# §3.1 方程求根

科学技术的很多问题常常归结为求方程 $f(x)=0$ 的根。在中学里我们已解过 x 的二次方程，如 $ax^2+bx+c=0$ 就属于这一种类型。方程的根有两个，即

> 使用公式编辑器编辑的

$$x_1 = \frac{-b + \sqrt{b^2 - 4ac}}{2a}$$

如果 $x_2$ 是它的根，那么用 $x_2$ 代入 $f(x)$ 中，其值必定为 0。我们知道：$f(x)=y=ax^2+bx+c$ 的图线是一条二次曲线。

图 3-36　"练习 4"效果图

**提示：**

- 小节符 "§" 的输入方法：切换到 "插入" 功能区，在 "符号" 组中单击 "符号" 按钮，选择 "其他符号"，在弹出的对话框中，"字体" 选择默认的 "普通文本"，"子集" 选择 "拉丁语-1 增补"，即可找到该符号。
- 若要修改 "云形标注" 的填充颜色和轮廓颜色，单击选中后，在 "绘图工具/格式" 功能区的 "形状样式" 组中通过 "形状填充" 按钮和 "形状轮廓" 按钮进行相应设置即可。

（2）使用 SmartArt 图形设计旅游行程。要求：

① 新建 Word 文档，输入以下内容（不包括外边框），文件名为 "练习 5.docx"。

> 虎跳峡 -白水台 -桥头镇 -银同小吃

② 将输入的内容修改为 SmartArt 图形，图形样式为 "基本流程"，设置颜色为 "彩色-个性色"，效果如图 3-37 所示。

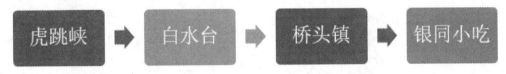

图 3-37　"练习 5"效果图

**提示：** 在该样式中，默认的文本框只有 3 个，不足以输入 4 个文本内容。所以需要选择 SmartArt 图形，单击图形框左侧的图标按钮，打开 "在此处键入文字" 对话框，如图 3-38 所示。当默认的 3 个文本框输入完成后，按回车键即可增加一个文本框，输入第 4 个文本框内容。

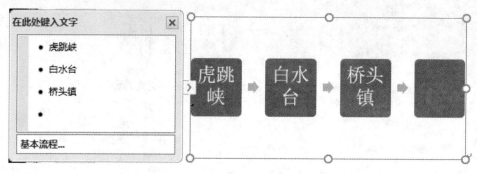

图 3-38　增加文本框图示

## 五、Word 综合大作业

（1）根据自己的喜好自拟一个感兴趣的题目，或从下列参考题目中任选其一，有创意地完成一篇两页以上的有思想、艺术性强的 Word 文档。

主要参考题目有：

① 名家名篇

② 名胜古迹

③ 故乡人文

④ 新闻

⑤ 个人简介/名人简介

⑥ 自荐信

（2）在上述主题 Word 文档中，按如下要求进行格式设置等操作。

① 将你所在的班级、学号和姓名写在页眉。

② 在页脚中设置页码和总页数。

③ 在文档中要有如下设置：分栏、首字下沉、首行缩进。

④ 设置段落格式：行距、段前和段后间距、项目符号和编号等。

⑤ 文档中要有插入图片、艺术字、文本框、自选图形等。

⑥ 设置字符格式：字体、字号、字型、字符边框和底纹等。

⑦ 设置页面格式：纸型为 A4 纸，上、下、左、右页边距分别为 2 厘米、2.5 厘米、2 厘米、2 厘米。

⑧ 保存文档的文件名为：班级学号姓名。

# 第4章 电子表格软件 Excel 2016

**本章实验的基本要求：**

- 掌握 Excel 工作簿及工作表的基本操作。
- 掌握设置单元格及工作表格式方法。
- 掌握数据录入及编辑方法。
- 掌握公式和函数的使用。
- 掌握数据的管理和分析。
- 掌握图表的制作和编辑。

## 实验 1  Excel 2016 的基本操作

### 一、实验目的

（1）掌握 Excel 的基本概念。
（2）熟练掌握工作簿的新建、打开、保存、关闭等操作。
（3）熟练掌握工作表的新建、复制、移动、删除、重命名等操作。
（4）熟练掌握数据编辑和快速录入方法。
（5）熟练掌握单元格的格式设置和工作表的美化（格式化）方法。

### 二、实验准备

（1）理解 Excel 的基本概念：工作簿、工作表、单元格（区域）、行、列、填充柄等。
（2）熟悉 Excel 窗口的组成及基本操作。
（3）在计算机某个磁盘分区（如 D:\）创建自己的文件夹，名为"学号_电子表格"。

### 三、实验内容及步骤

【**案例 1**】创建 Excel 工作簿，命名为"XX 公司员工信息表"，保存到自己的文件夹中。
要求：

- 在工作簿中创建 4 个工作表,分别命名为"员工基本信息""岗位与职务""联系方式"和"数据统计表"。
- 在"员工基本信息"表输入数据，如图 4-1 所示。

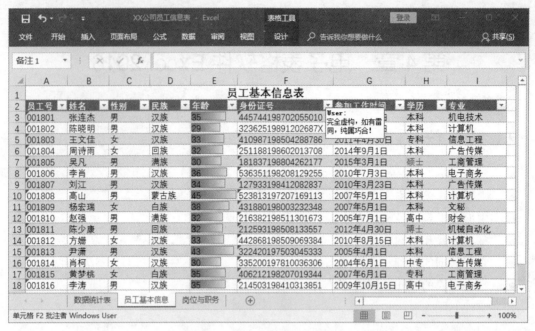

图 4-1　XX 公司员工信息表

操作步骤：

（1）新建 Excel 工作簿。启动 Excel，在开始界面上，单击"空白工作簿"，创建一个名为"工作簿 1"的空白工作簿，默认情况下，该工作簿中包含一个名为 Sheet1 的工作表。

（2）插入新工作表。

- 单击工作表标签右侧的"新工作表"按钮⊕，在当前工作表之后添加一个新工作表 Sheet2。
- 右击 Sheet2 工作表标签，在弹出的快捷菜单中选择"插入"，并选择"插入"对话框中的"常用"选项卡。选择"工作表"图标，然后单击"确定"按钮。将在 Sheet2 之前添加一个新工作表 Sheet3。（也可使用快捷键 Shift+F11）

（3）重命名工作表。

- 双击 Sheet1 工作表标签，工作表名称处于编辑状态时，修改工作表名称为"员工基本信息"。
- 右击 Sheet2 工作表标签，在弹出的快捷菜单中选择"重命名"，修改工作表名称为"岗位与职务"。
- 单击 Sheet3 工作表标签，单击"开始"功能区"单元格"组"格式"中的"重命名工作表"命令，修改工作表名为"数据统计表"。

（4）移动和复制工作表。单击"数据统计表"标签，按住鼠标左键，此时工作表标签上显示一个黑色小三角，指示活动工作表所处的位置，如图 4-2 所示，拖动鼠标左键，将"数据统计表"工作表移动至"员工基本信息"表之前（如果要复制工作表，可在拖动鼠标左键同时按住 Ctrl 键）。

图 4-2　使用鼠标移动工作表

右击"员工基本信息"工作表标签，在弹出的快捷菜单中选择"移动或复制"命令，在弹出的对话框中设置移动或复制的位置，如图 4-3 所示，将"员工基本信息"工作表复制到"岗位与职务"工作表之后，并修改其工作表名称为"联系方式"。

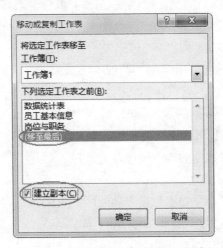

图 4-3　"移动或复制工作表"对话框

（5）设置工作表标签颜色。右击"员工基本信息"工作表标签，在弹出的快捷菜单中选择"工作表标签颜色"，在弹出的颜色选择器中选择"标准色"→"红色"，将该工作表标签设置为红色。

（6）保存工作簿。单击"文件"→"保存"→"浏览"，在弹出的"另存为"对话框中，选择工作簿保存的位置及输入文件名"XX 公司员工信息表"，单击"确定"按钮。

（7）单击"员工基本信息"工作表标签，在工作表的第一行 A1 单元格中输入"员工基本信息表"，第二行的 A 列～I 列分别输入各列标题（员工号、姓名、……、专业）。

（8）A 列"员工号"和 F 列"身份证号"数据的输入。

这两列数据均为由数字字符组成的文本数据，输入字符前需先输入半角单引号"'"，例如第一个员工号应输入：'001801。

另外，员工号列的数据是按顺序排列的，在输入第一个员工号后，可通过拖动 A3 单元格的填充柄，利用 Excel 的自动填充功能，实现数据的快速填充，如图 4-4 所示。

（9）对于文本数据的录入，可使用记忆式键入功能自动完成数据输入。

对于 C 列、D 列、H 列和 I 列中重复的数据比较多，可利用 Excel 的记忆功能快速输入相同文本。如图 4-5 所示，只需要在单元格中输入文本数据的前几个字母，Excel 会根据同列已输入的内容自动完成文本显示内容，此时只需按 Enter 键即可完成输入，如果要覆盖 Excel 提供的建议只需要继续输入即可。

图 4-4　利用填充柄自动填充　　　　　　图 4-5　"自动记忆功能"输入文本

对于已输入多个文本数据的情况，可以按 Alt+↓ 组合键来显示已输入的数据列表，如图 4-6 所示，从中选择所需数据即可完成输入。

（10）日期型数据录入。G 列"参加工作时间"需要录入日期型数据，年、月、日之间用半角"-"或"/"分隔。如 G3 单元格输入：2012-7-1。

（11）利用数据验证控制数据的输入范围。C 列"性别"字段的数据中只能输入"男"和"女"两个值，可以通过 Excel 的数据验证功能来限定数据的输入范围，提高输入效率，防止输入错误。设置方法如下：

选择 C3:C18 单元格区域，单击"数据"功能区"数据工具"组"数据验证"，打开"数据验证"对话框，如图 4-7 所示，设置"性别"列的数据验证规则。在"允许"下拉列表中选择"序列"，在"来源"文本框中输入"男,女"（数据项之间用半角逗号分隔），勾选"提供下拉箭头"复选框，单击"确定"按钮完成设置（此例中"输入信息"和"出错警告"采用默认设置即可）。

图 4-6　从下拉列表中选择数据

图 4-7　"数据验证"对话框

设置后的"性别"列可在提供的下拉列表中选择数据录入，如图 4-8 所示。

图 4-8　从下拉列表中选择数据

（12）为 F2 单元格插入批注。选择 F2 单元格，右击，从弹出的快捷菜单中选择"插入批注"，输入"完全虚构，如有雷同，纯属巧合！"。

参照图 4-1 将员工基本信息表数据录入完整。

（13）将"员工基本信息"工作表中 A2:B18 单元格区域的数据复制到"岗位与职务"工作表的 C2:D18 单元格区域中。

（14）参照图 4-9 将"岗位与职务"工作表的内容补充完整，并保存工作簿。

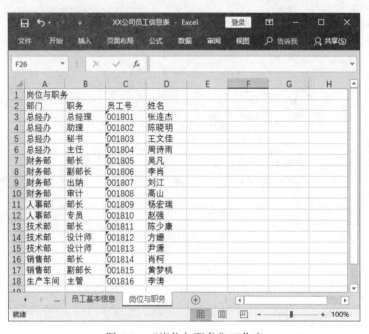

图 4-9　"岗位与职务"工作表

【案例 2】对"XX 公司员工信息表"工作簿中的"员工基本信息"表和"岗位与职务"工作表设置格式。

要求：

● 设置"员工基本信息"工作表标题文字为等线、14 号字，加粗，文字颜色为浅灰色，背景 2，深色 90%，在 A1:I1 范围内合并后居中。

● 为"员工基本信息"表 A2:I18 数据区域设置套用表格格式"蓝色，表样式中等深浅2"；设置后效果如图 4-1 所示。

- 设置E列“年龄”和G列“参加工作时间”水平左对齐，并设置G列为“长日期”格式。
- 使用条件格式，将“年龄”列数据填充“浅蓝色渐变数据条”；将“学历”列本科以上（不包含本科）设置为“浅红填充色深红色文本”。
- 设置“岗位与职务”工作表第一行行高为28，文字为黑体，14号字，在A1:D1范围内跨列居中。
- 为“岗位与职务”工作表A2:D18区域设置蓝色边框，单实线内边框，双实线外边框。
- “岗位与职务”工作表A2:D2区域设置字体：宋体、白色，加粗；填充为蓝色、浅蓝双色水平渐变。设置后效果如图4-10所示。

| | A | B | C | D | E |
|---|---|---|---|---|---|
| 1 | 岗位与职务 | | | | |
| 2 | 部门 | 职务 | 员工号 | 姓名 | |
| 3 | 总经办 | 总经理 | 001801 | 张连杰 | |
| 4 | 总经办 | 助理 | 001802 | 陈晓明 | |
| 5 | 总经办 | 秘书 | 001803 | 王文佳 | |
| 6 | 总经办 | 主任 | 001804 | 周诗雨 | |
| 7 | 财务部 | 部长 | 001805 | 吴凡 | |
| 8 | 财务部 | 副部长 | 001806 | 李肖 | |
| 9 | 财务部 | 出纳 | 001807 | 刘江 | |
| 10 | 财务部 | 审计 | 001808 | 高山 | |
| 11 | 人事部 | 部长 | 001809 | 杨宏瑞 | |
| 12 | 人事部 | 专员 | 001810 | 赵强 | |
| 13 | 技术部 | 部长 | 001811 | 陈少康 | |
| 14 | 技术部 | 设计师 | 001812 | 方姗 | |
| 15 | 技术部 | 设计师 | 001813 | 尹潇 | |
| 16 | 销售部 | 部长 | 001814 | 肖柯 | |
| 17 | 销售部 | 副部长 | 001815 | 黄梦桃 | |
| 18 | 生产车间 | 主管 | 001816 | 李涛 | |
| 19 | | | | | |

图4-10 “岗位与职务”工作表

操作步骤：

（1）“员工基本信息”工作表的设置。

- 选择A1:I1单元格区域，单击“开始”功能区“对齐方式”组“合并后居中”，单击“开始”功能区“字体”组右下面按钮，打开“设置单元格格式”对话框，设置字体如图4-11所示。单击“确定”按钮完成设置。
- 选择A2:I18单元格区域，单击“开始”功能区“样式”组“套用表格格式”，弹出的下拉列表中，单击“中等色”区域中第一行第二列“蓝色，表样式中等深浅2”。
- 选择E3:E18单元格区域设置水平左对齐；选择G3:G18单元格区域设置水平左对齐，并设置日期格式为“长日期”。
- 设置条件格式。

选择年龄列E3:E18单元格区域，单击“开始”功能区“样式”组“条件格式”，在弹出的下拉列表中选择“数据条”→“渐变填充”→“浅蓝色数据条”。

图 4-11　"员工基本信息"表字体设置

选择"学历"列 H3:H18 单元格区域，单击"开始"功能区"样式"组"条件格式"，在弹出的下拉列表中选择"突出显示单元格规则"→"等于"，弹出的对话框中输入"硕士"，设置中选择"浅红填充色深红色文本"，如图 4-12 所示。

图 4-12　"条件格式"设置

用相同方法添加规则：学历为"博士"时的条件格式设置。

（2）"岗位与职务"工作表设置。

● 切换"岗位与职位"为当前工作表，单击第 1 行行号，右击，在弹出的快捷菜单中选择"行高"，设置行高为 28；选择 A1:D1 单击格区域，参照上面步骤设置标题"岗位与职位"的水平对齐方式为"跨列居中"，字体设置为黑体，14 号。

● 设置表格边框。选择 A2:A18 单元格区域，打开"设置单元格格式"对话框，在"边框"选项卡中，颜色选择"蓝色"，首先在样式中选择"单实线"后单击"预置"下"内部"按钮，设置内部边框线为蓝色单实线；然后在样式中选择"双实线"并单击"预置"下的"外边框"按钮，设置外部边框，如图 4-13 所示，单击"确定"按钮完成设置。

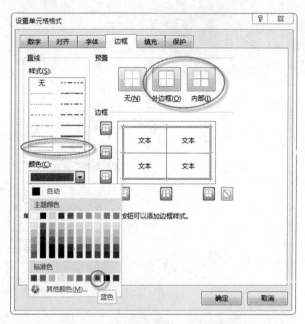

图 4-13    "岗位与职务"工作表边框设置

● 设置填充和字体。选择 A2:D2 单元格区域，打开"设置单元格格式"对话框，在"字体"选项页设置字体为白色、宋体、加粗。然后切换至"填充"选项卡，单击"填充效果"按钮，打开"填充效果"对话框，在"渐变"选项卡，设置渐变色，在"颜色"中选择"双色"，颜色 1 设置为"深蓝"，颜色 2 设置为"浅蓝"，底纹样式为"水平"，如图 4-14 所示。单击"确定"完成设置。

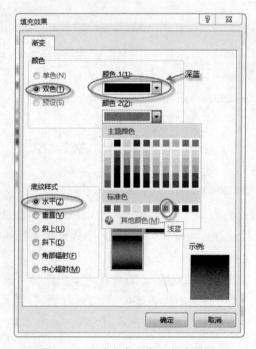

图 4-14    "岗位与职务"填充设置

● 保存工作簿，完成 "XX 公司员工信息表" 的格式设置。

【**案例 3**】在 "快速填充数据练习" 工作簿中快速填充各列数据。

要求：

● 新建一个工作簿，命名为 "快速填充数据练习"，按照图 4-15 所示输入初始数据。

| | A | B | C | D | E | F | G | H | I | J | K | L | M | N |
|---|---|---|---|---|---|---|---|---|---|---|---|---|---|---|
| 1 | 辽宁 | 图1 | 001 | | 1 | 1 | 1 | 2018-06-01 | 星期一 | Jan | 甲 | | | 数学 |
| 2 | | | | | | | 3 | | | | | | | |
| 3 | | | | | | | | | | | | | | |

图 4-15　"快速填充" 练习初始数据

● 使用 "填充柄" 或 "填充" 命令快速填充各列数据，结果如图 4-16 所示。

| | A | B | C | D | E | F | G | H | I | J | K | L | M | N |
|---|---|---|---|---|---|---|---|---|---|---|---|---|---|---|
| 1 | 辽宁 | 图1 | 001 | | 1 | 1 | 1 | 2018-06-01 | 星期一 | Jan | 甲 | | | 数学 |
| 2 | 辽宁 | 图2 | 002 | | 1 | 2 | 3 | 2018-06-02 | 星期二 | Feb | 乙 | | | 语文 |
| 3 | 辽宁 | 图3 | 003 | | 1 | 3 | 5 | 2018-06-03 | 星期三 | Mar | 丙 | | | 英语 |
| 4 | 辽宁 | 图4 | 004 | | 1 | 4 | 7 | 2018-06-04 | 星期四 | Apr | 丁 | | | 化学 |
| 5 | 辽宁 | 图5 | 005 | | 1 | 5 | 9 | 2018-06-05 | 星期五 | May | 戊 | | | 物理 |
| 6 | 辽宁 | 图6 | 006 | | 1 | 6 | 11 | 2018-06-06 | 星期六 | Jun | 己 | | | 数学 |
| 7 | 辽宁 | 图7 | 007 | | 1 | 7 | 13 | 2018-06-07 | 星期日 | Jul | 庚 | | | 语文 |
| 8 | 辽宁 | 图8 | 008 | | 1 | 8 | 15 | 2018-06-08 | 星期一 | Aug | 辛 | | | 英语 |
| 9 | 辽宁 | 图9 | 009 | | 1 | 9 | 17 | 2018-06-09 | 星期二 | Sep | 壬 | | | 化学 |
| 10 | 辽宁 | 图10 | 010 | | 1 | 10 | 19 | 2018-06-10 | 星期三 | Oct | 癸 | | | 物理 |
| 11 | | | | | | | | | | | | | | |
| 12 | 文本型数据 | | | | 数值型数据 | | | 系统预置自定义序列 | | | 用户自定义 | | | |
| 13 | | | | | | | | | | | 序列 | | | |

图 4-16　快速填充数据的结果

操作步骤：

（1）新建 Excel 工作簿，命名为 "快速填充数据练习"，并输入初始数据。

（2）利用填充柄快速填充数据。

在活动单元格的粗线框的右下角有一个小方块，称为填充柄，如图 4-17 所示，当鼠标指针移到填充柄上时，鼠标指针会变为 "**＋**"，此时按住鼠标左键不放，向上、下或向左、右拖动填充柄，即可插入一系列数据或文本，如图 4-18 所示。

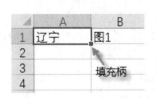

图 4-17　数据填充柄

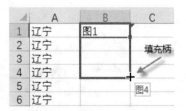

图 4-18　拖动填充柄填充数据

● 对于 A 列字符文本和 E 列数值型数据，拖动填充柄默认复制填充数据。

● 对于 B 列、C 列字符和数字或纯数字组成的文本，拖动填充柄默认序列递增填充。

● 对于 F 列数值型数据，如果需要递增填充，可在拖动填充柄的同时按住 Ctrl 键。

● 对于 G 列数据，要实现按等差序列的填充，可以同时选中 G1:G2 单元格区域后，拖动填充柄，Excel 将按 G1 与 G2 之间的差值，按等差序列填充数据：1、3、5……。

● 对于 H 列日期型数据，拖动填充柄可实现按日递增填充数据。

另外，当拖动填充柄到指定的位置时，在填充数据的右下角会显示一个图标，称为填充选项按钮，单击该按钮会展开填充选项列表，用户可从中选择所需的填充项。

（3）使用"填充"命令填充数据。

首先，在单元格中输入起始数据，选择要填充的连续单元格区域，然后单击"开始"功能区"编辑"组"填充"，在其列表中选择"向上""向下""向左"或"向右"来实现向指定方向的复制填充。

例如，对于 A 列数据，可以首先选择 A1:A10 单元格区域，然后单击"开始"功能区"编辑"组"填充"，在其列表中选择"向下"按钮，完成数据填充。

当选择"序列"命令时，可打开"序列"对话框，根据数据的类型选择特定的填充方式实现数据的快速填充。

例如，对于 H 列数据，可以首先选择 H1:H10 单元格区域，然后单击功能区"开始"功能区"编辑"组"序列"，打开"序列"对话框，如图 4-19 所示进行设置，单击"确定"完成日期型数据按日递增填充。

（4）"自定义序列"填充数据。

● 对于 J 列、K 列和 L 列数据，当拖动填充柄时，Excel 会按照预置的序列内容进行自动填充。

自定义序列预置的内容，可以通过"文件"→"选项"命令打开"Excel 选项"对话框，选择"高级"选项，在右侧的"常规"栏中单击"编辑自定义列表"按钮，打开"自定义序列"对话框，如图 4-20 所示。在对话框左侧栏中显示的序列为已定义的序列。

● 对于 N 列数据，系统提供的预置序列中没有的数据序列，如果需要经常输入，则可以向"自定义序列"添加新序列。

添加新序列的方法：在图 4-20 所示的对话框右侧"输入新序列"编辑框中依次输入数据项，然后单击"添加"按钮即可完成用户自定义序列的添加。

图 4-19　"序列"对话框

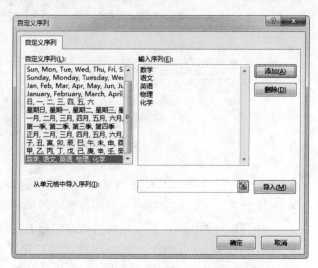

图 4-20　"自定义序列"对话框

此时，拖动 N1 单元格的填充柄至 N10，可按用户定义的序列自动填充数据。

● 保存工作簿，完成实验内容。

## 四、实验练习

新建一个工作表，以"EXCEL 练习一"命名，完成下列操作：

（1）在工作表 Sheet1 中，完成如下练习。

① 在 A2 单元格中输入数值 0.00012583，变更它的格式为科学计数法，要求小数位数为 2 位。

② 在 B2 单元格中输入数值 2000，变更它的格式为人民币，用千位分隔符分隔，小数位数为 0 位。

③ 在 C2 单元格中输入数值 0.25，变更它的格式为 25%。

④ 在 D2 单元格中输入日期 2017/11，变更它的格式为 2017 年 11 月。

⑤ 在 E2 单元格中输入时间 2:30 PM，变更它的格式为 14:30。

⑥ 在 F2 单元格中输入数值 2000，变更它的类型为文本。

⑦ 在 G2 单元格中输入你的生日，查一查它是星期几。

⑧ 在 A3 单元格中输入数值 2，把它以递增 2 倍的等比序列向右填充，直至填充到 2048 为止。

⑨ 工作表重命名"数据格式练习"，并设置工作表标签为绿色。

（2）插入一个新工作表，重命名为"课程表"，制作如图 4-21 所示的课程表。

| | 星期一 | 星期二 | 星期三 | 星期四 | 星期五 |
|---|---|---|---|---|---|
| **课程表** | | | | | |
| 星期＼科目 | 星期一 | 星期二 | 星期三 | 星期四 | 星期五 |
| 第1节 | 数学 | 语文 | 英语 | 英语 | 数学 |
| 第2节 | | | | | |
| 第3节 | 语文 | 数学 | 数学 | 语文 | 语文 |
| 第4节 | | | | | |
| 第5节 | 英语 | 英语 | 语文 | 化学 | 英语 |
| 第6节 | | | | | |
| 第7节 | 物理 | 自习 | | 自习 | 物理 |
| 第8节 | | | | | |

图 4-21　课程表的制作

操作提示：

① 利用快速填充输入行标题（第二行）、列标题（A 列）；

② 思考如何在多个单元格中输入相同数据；

③ 边框和填充可以自行设置。

# 实验 2　公式与函数

## 一、实验目的

（1）熟练掌握使用 Excel 公式进行计算。

（2）熟练掌握 Excel 常用函数计算机数据。

（3）熟练掌握 Excel 单元格及单元格区域的地址引用（相对地址引用和绝对地址引用）。

## 二、实验准备

（1）理解 Excel 的基本概念：工作簿、工作表、单元格（区域）、行、列、填充柄等。

（2）熟悉 Excel 窗口的组成及基本操作。

（3）在计算机某个磁盘分区（如 D:\）创建自己的文件夹，名为“学号_电子表格”。

## 三、实验内容及步骤

**【案例 1】**插入公式和地址引用。

创建 Excel 工作簿，命名为“公式和函数练习”，保存到自己的文件夹中。将工作表 Sheet1 重命名为“地址引用”，输入如图 4-22 所示的原始数据。

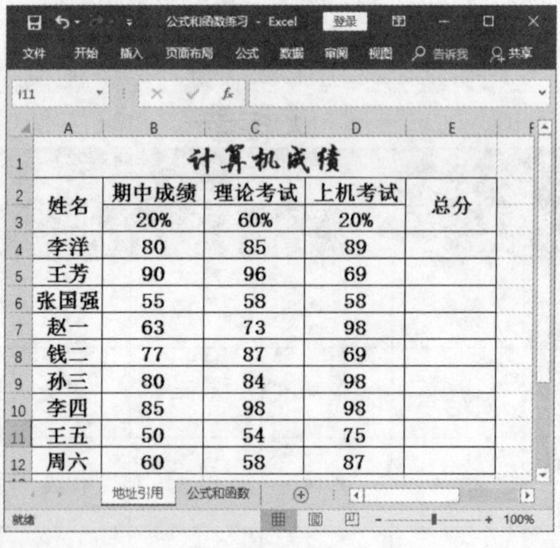


| 姓名 | 期中成绩 | 理论考试 | 上机考试 | 总分 |
|---|---|---|---|---|
| | 20% | 60% | 20% | |
| 李洋 | 80 | 85 | 89 | |
| 王芳 | 90 | 96 | 69 | |
| 张国强 | 55 | 58 | 58 | |
| 赵一 | 63 | 73 | 98 | |
| 钱二 | 77 | 87 | 69 | |
| 孙三 | 80 | 84 | 98 | |
| 李四 | 85 | 98 | 98 | |
| 王五 | 50 | 54 | 75 | |
| 周六 | 60 | 58 | 87 | |

图 4-22　输入公式计算总分

要求：

用公式计算机表中“总分”列，计算方法是期中成绩、理论考试成绩和上机考试成绩分别占总成绩的 20%、60%和 20%，即公式为：总分=期中成绩*20%+理论考试*60%+上机考试*20%。

操作步骤：

（1）将插入点放置于 E4 单元格，输入等号（=）以开始公式输入。

（2）单击 B4 单元格，此时单元格 B4 周围显示虚线框，而且单元格引用将出现在 E4 单元格和编辑栏中。

（3）键入乘号（*），再单击 B3 单元格，虚线边框将包围 B3 单元格，将单元格地址添加到公式中，按下 F4 键将单元格引用 B3 切换成绝对引用$B$3，此时编辑栏中公式显示为=B4*$B$3。

（4）采用相同方法，将公式输入完整“=B4*$B$3+C4*$C$3+D4*$D$3”，按 Enter 键结束公式输入。（也可直接在单元格 E4 或编辑栏中手动输入公式）

（5）复制公式：选中单元格 E4，拖动填充柄至 E12 单元格，完成“总分”列的计算，结果如图 4-23 所示。

E4　=B4*$B$3+C4*$C$3+D4*$D$3

| | A | B | C | D | E |
|---|---|---|---|---|---|
| 1 | 计算机成绩 | | | | |
| 2 | 姓名 | 期中成绩 | 理论考试 | 上机考试 | 总分 |
| 3 | | 20% | 60% | 20% | |
| 4 | 李洋 | 80 | 85 | 89 | 85 |
| 5 | 王芳 | 90 | 96 | 69 | 89 |
| 6 | 张国强 | 55 | 58 | 58 | 57 |
| 7 | 赵一 | 63 | 73 | 98 | 76 |
| 8 | 钱二 | 77 | 87 | 69 | 81 |
| 9 | 孙三 | 80 | 84 | 98 | 86 |
| 10 | 李四 | 85 | 98 | 98 | 95 |
| 11 | 王五 | 50 | 54 | 75 | 57 |
| 12 | 周六 | 60 | 58 | 87 | 64 |

图 4-23　总分列的计算机结果

操作说明：公式中 B4、C4、D4 的地址是相对地址引用，当复制公式时，其地址会根据公式复制的位置进行调整。而公式中 B3、C3 和 D3 的地址是绝对地址引用，当复制公式时，它们的地址会保持不变。

**【案例 2】**函数的使用。

插入新工作表，命名为“公式和函数”，输入如图 4-24 所示的原始数据。

| | A | B | C | D | E | F | G | H | I | J | K |
|---|---|---|---|---|---|---|---|---|---|---|---|
| 1 | 学生成绩表 | | | | | | | | | 班级人数: | |
| 2 | 学号 | 姓名 | 英语 | 高数 | 计算机 | 制图 | 总分 | 平均分 | 名次 | 不及格科目 | 考核 |
| 3 | 12301 | 李洋 | 78 | 85 | 85 | 70 | | | | | |
| 4 | 12302 | 王芳 | 69 | 96 | 89 | 80 | | | | | |
| 5 | 12303 | 张国强 | 89 | 58 | 57 | 76 | | | | | |
| 6 | 12304 | 赵一 | 96 | 73 | 76 | 89 | | | | | |
| 7 | 12305 | 钱二 | 65 | 87 | 81 | 75 | | | | | |
| 8 | 12306 | 孙三 | 85 | 84 | 86 | 95 | | | | | |
| 9 | 12307 | 李四 | 96 | 98 | 95 | 60 | | | | | |
| 10 | 12308 | 王五 | 98 | 54 | 57 | 84 | | | | | |
| 11 | 12309 | 周六 | 100 | 58 | 64 | 65 | | | | | |
| 12 | 最高分 | | | | | | | | | | |
| 13 | 最低分 | | | | | | | | | | |
| 14 | 平均分 | | | | | | | | | | |
| 15 | 及格人数 | | | | | | | | | | |
| 16 | 及格率 | | | | | | | | | | |

地址引用　公式和函数

图 4-24　学生成绩表原始数据

要求：

- 使用函数 SUM()、AVERAGE()、MAX()、MIN()和 COUNT()，计算学生成绩表中的总分、平均分（以整数形式显示）、最高分、最低分和班级人数。
- 使用函数 RANK()，计算"名次"列（提示：根据四门课的"总分"进行从高到低降序排列）。
- 使用 COUNTIF()，计算学生的"不及格科目"和各科的"不及格人数"。
- 使用 IF()函数，填写考核结果（考核方法为：判断学生是否有不及格科目，如果没有则为填写"合格"，否则填写"不合格"）。
- 用公式计算各门课程的及格率，以百分比格式显示结果。

操作步骤：

（1）选择 C3:G11 单元格区域，单击"开始"功能区"编辑"组中的 Σ· 按钮；同样的方法，选择 C3:F12 单元格区域，单击"公式"功能区"函数库"组"自动求和"下拉列表中的"最大值"命令。

（2）插入点置于 H3 单元格中，单击"开始"功能区"编辑"组 Σ· 按钮后的小三角，弹出下拉列表，从中选择"平均值"，修改公式为"=AVERAGE(C3:F3)"，即可得到李洋同学四门课程的平均分。

（3）选中 H3 单元格，单击"开始"功能区"数字"组中"减少小数位数"按钮，使其以整数形式显示。拖动 H3 填充柄至 H11，计算出每个学生的平均分。按类似方法，计算出每门课程的最低分和平均分。

（4）选中 K1 单元格，单击功能区"开始"功能区"编辑"组 Σ· 按钮后的小三角，弹出下拉列表，从中选择"计数"，修改 K1 单元格中的公式为"=COUNT(C3:C11)"，计算出表中的学生人数。

（5）选中 I3 单元格，单击编辑框上的"插入函数"按钮 *fx*，在打开的"插入函数"对话框中选择 RANK 函数，打开"函数参数"对话框，在 Number 文本框中输入单元格地址 G3，在 Ref 文本框中输入区域$G$3:$G$11，如图 4-25 所示。单击"确定"按钮，完成李洋的名次计算。选中 I3 单元格，拖动填充柄至 I11，计算出每个学生的名次。

图 4-25　RANK 函数的参数设置

注意：RANK 函数的 Ref 范围文本框中的地址采用绝对地址，相对地址和绝对地址的切换可使用 F4 键。

（6）按类似的方法，在 J3 单元格中插入公式 "=COUNTIF(C3:F3,"<60")"，计算出四门课程中不及格的课程数。选中 J3 单元格拖动填充柄将公式复制到 J4:J11 单元格中。

在 C15 单元格中插入公式 "=COUNTIF(C3:C11,">=60")"，计算英语课的及格人数。并将公式复制到 D15:F15 单元格中。

（7）选择 K3 单元格，单击 "公式" 功能区 "插入函数" 按钮，在 "插入函数" 对话框中选择 IF 函数，打开 "函数参数" 对话框，设置 IF 函数参数如图 4-26 所示。单击 "确定"。计算出考核结果。复制 K3 的公式至 K4:K11 单元格。

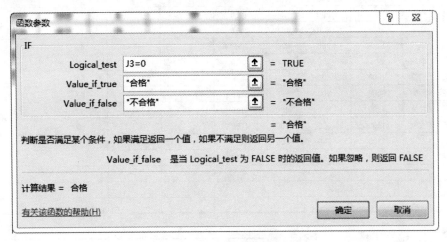

图 4-26　IF 函数的参数设置

（8）选择单元格 C16，输入公式 "=C15/$K$1"，并将其结果设置为百分比样式。复制公式到 D16:F16，计算出所有课程的及格率。

（9）保存工作簿。"公式和函数" 工作表的完成效果如图 4-27 所示。

| 学号 | 姓名 | 英语 | 高数 | 计算机 | 制图 | 总分 | 平均分 | 名次 | 不及格科目 | 考核 |
|---|---|---|---|---|---|---|---|---|---|---|
| | | | | | | | 班级人数： | | | 9 |
| 12301 | 李洋 | 78 | 85 | 85 | 70 | 318 | 80 | 5 | 0 | 合格 |
| 12302 | 王芳 | 69 | 96 | 89 | 80 | 334 | 84 | 3 | 0 | 合格 |
| 12303 | 张国强 | 89 | 58 | 57 | 76 | 280 | 70 | 9 | 2 | 不合格 |
| 12304 | 赵一 | 96 | 73 | 76 | 89 | 334 | 84 | 3 | 0 | 合格 |
| 12305 | 钱二 | 65 | 87 | 81 | 75 | 308 | 77 | 6 | 0 | 合格 |
| 12306 | 孙三 | 85 | 84 | 86 | 95 | 350 | 88 | 1 | 0 | 合格 |
| 12307 | 李四 | 96 | 98 | 95 | 60 | 349 | 87 | 2 | 0 | 合格 |
| 12308 | 王五 | 98 | 54 | 57 | 84 | 293 | 73 | 7 | 2 | 不合格 |
| 12309 | 周六 | 100 | 58 | 64 | 65 | 287 | 72 | 8 | 1 | 不合格 |
| 最高分 | | 100 | 98 | 95 | 95 | | | | | |
| 最低分 | | 65 | 54 | 57 | 60 | | | | | |
| 平均分 | | 86 | 77 | 77 | 77 | | | | | |
| 及格人数 | | 9 | 6 | 7 | 9 | | | | | |
| 及格率 | | 100% | 67% | 78% | 100% | | | | | |

学生成绩表

地址引用　公式和函数

图 4-27　"公式和函数" 工作表

## 四、实验练习

新建一个工作表，以“EXCEL 练习二”命名，完成下列操作：

（1）将工作表重命名“10 月份工资表”，参照图 4-28 录入原始数据。

| | A | B | C | D | E | F | G | H | I | J |
|---|---|---|---|---|---|---|---|---|---|---|
| 1 | 某单位10月份工资表 | | | | | | | | | |
| 2 | 姓名 | 部门 | 基本工资 | 住房补贴 | 奖金 | 任务工资 | 应发工资 | 保险扣款 | 其他扣款 | 实发工资 |
| 3 | 刘松 | 销售 | 1500 | 500 | 250 | 6480 | | | 40 | |
| 4 | 康华 | 销售 | 1300 | 500 | 200 | 6210 | | | 60 | |
| 5 | 贺青 | 财务 | 1400 | 500 | 150 | 4860 | | | 30 | |
| 6 | 潘浩 | 财务 | 1400 | 500 | 250 | 4980 | | | 60 | |
| 7 | 吴非 | 编辑 | 1200 | 500 | 200 | 3450 | | | 30 | |
| 8 | 张萌 | 编辑 | 1200 | 500 | 200 | 3560 | | | 60 | |
| 9 | 邓琳 | 编辑 | 800 | 500 | 200 | 3210 | | | 60 | |
| 10 | 王浩飞 | 编辑 | 1600 | 500 | 200 | 3890 | | | 80 | |
| 11 | 李超 | 发货 | 2000 | 500 | 500 | 3500 | | | 60 | |
| 12 | 贾亮 | 发货 | 1800 | 500 | 400 | 3145 | | | 60 | |
| 13 | 谭靖 | 发货 | 1800 | 500 | 500 | 4759 | | | 50 | |
| 14 | 魏鹏 | 发货 | 1800 | 500 | 500 | 5233 | | | 20 | |
| 15 | 陈平 | 销售 | 1200 | 500 | 200 | 5840 | | | 60 | |
| 16 | 平均值 | | | | | | | | | |
| 17 | 最高值 | | | | | | | | | |
| 18 | 最低值 | | | | | | | | | |

| | | | |
|---|---|---|---|
| 21 | 总人数 | | 所占比率 |
| 22 | 实发工资不足5000的人数： | | |
| 23 | 实发工资大于8000的人数： | | |

10月份工资表

图 4-28 “EXCEL 练习二”工作簿

（2）使用 SUM()、AVERAGE()、MAX()、MIN()函数计算应发工资、平均值、最高值、最低值。

（3）使用 IF()函数求保险扣款，保险捐款的计算方法：部门为“编辑”的为应发工资*0.02，其余部门为应发工资*0.015。

（4）计算实发工资，结果保留 2 位小数。（实发工资=应发工资-保险扣款-其他扣款）

（5）使用 COUNT()计算总人数，使用 COUNTIF 函数分别统计实发工资小 5000 和大于 8000 的人数，并计算所占比率。

（6）对表格进行相应的格式设置，效果如图 4-28 所示（相似即可）。

（7）将表格 A 列到 I 列宽设置为“自动调整列宽”，J 列宽度为 15，并为 J3:J15 单元格数据加￥符号，结果均保留 2 位小数。

（8）在工作表中用条件格式将实发工资介于 7000 到 8000 之间的数据用红色加粗显示。

# 实验 3　数据管理与图表

## 一、实验目的

（1）熟练掌握工作表的排序、筛选和分类汇总操作方法；

（2）熟练掌握根据数据表制作各种图表的方法；

## 二、实验准备

在计算机某个磁盘分区（如 D:\）创建自己的文件夹，名为"学号_电子表格"

## 三、实验内容及步骤

【案例 1】数据排序。

创建 Excel 工作簿，命名为"学生成绩统计表"，保存到自己的文件夹中。按图 4-29 所示，录入原始数据，并命名工作表为"初始数据"。

| 学号 | 班级 | 姓名 | 语文 | 数学 | 英语 | 物理 | 化学 | 平均分 | 不及格科目 |
|---|---|---|---|---|---|---|---|---|---|
| 160101 | 1班 | 梁海平 | 80 | 84 | 85 | 92 | 91 | 86 | 0 |
| 160202 | 2班 | 欧海军 | 75 | 75 | 79 | 55 | 90 | 75 | 1 |
| 160201 | 2班 | 邓远彬 | 69 | 95 | 62 | 88 | 86 | 80 | 1 |
| 160304 | 3班 | 张晓丽 | 49 | 84 | 89 | 83 | 87 | 78 | 1 |
| 160105 | 1班 | 刘富彪 | 56 | 82 | 75 | 98 | 93 | 81 | 1 |
| 160302 | 3班 | 刘章辉 | 77 | 95 | 69 | 90 | 89 | 84 | 0 |
| 160203 | 2班 | 邹文晴 | 84 | 78 | 90 | 83 | 83 | 84 | 0 |
| 160108 | 1班 | 黄仕玲 | 61 | 83 | 81 | 92 | 64 | 76 | 0 |
| 160104 | 1班 | 刘金华 | 80 | 76 | 73 | 100 | 84 | 83 | 0 |
| 160310 | 3班 | 叶建琴 | 53 | 81 | 75 | 87 | 88 | 77 | 1 |
| 160301 | 3班 | 邓云华 | 96 | 49 | 66 | 91 | 92 | 79 | 1 |
| 160212 | 2班 | 李迅宇 | 48 | 90 | 79 | 58 | 53 | 66 | 3 |

图 4-29　学生成绩统计表

要求：

在工作簿中插入 2 个新工作表，分别命名为"排序 1""排序 2"。并将"初始数据"的内容复制到"排序 1"和"排序 2"中。

- 在工作表"排序 1"中，将学生成绩数据按"平均分"降序排列。
- 在工作表"排序 2"中，将学生成绩数据按"班级"升序排列，同班级的学生按"学号"升序排序。

操作步骤：

（1）新建工作表并复制初始数据。

（2）在工作表"排序 1"中，将插入点放置于"平均分"列（I2～I14）的任意单元格中，右击，在弹出的快捷菜单中选择"排序"→"降序"，即可实现学生成绩按"平均分"降序排列。

（3）在工作表"排序 2"中，将插入点放置数据表的任意单元格中，单击"开始"功能区"编辑"组"排序和筛选"，在其下拉列表中单击"自定义排序"，弹出"排序"对话框，如图 4-30 所示，在"主要关键字"下拉列表中选择"班级"，"次序"下拉列表中选择"升序"；单击"添加条件"按钮，然后在"次要关键字"下拉列表中选择"学号"，"次序"下拉列表中选择"升序"；单击"确定"按钮完成按多字段排序。

图 4-30　"排序"对话框

【案例 2】数据筛选。

要求：

在工作簿中插入 4 个新工作表，分别命名为"筛选 1""筛选 2""筛选 3"和"筛选 4"。并将"初始数据"的内容复制到 4 个新工作表中。

- 在工作表"筛选 1"中，筛选出平均介于 70 分到 80 分之间的（不包括 70、80 分）学生。
- 在工作表"筛选 2"中，筛选出所有姓"刘"的学生。
- 在工作表"筛选 3"中，筛选出所有平均分大等于 80 且不及格科目为 0 的学生。
- 在工作表"筛选 4"中，筛选出平均分最低的 4 个学生。

操作步骤：

（1）在"筛选 1"工作表中，将插入点定位在放置数据表的任意单元格中。选择功能区"开始"功能区"编辑"组"排序和筛选"，在其下拉列表中单击"筛选"。在表头的各个列标题右侧添加筛选按钮。单击"平均分"列的筛选按钮，在下拉列表中选择"数字筛选"→"介于"，在弹出的对话框（如图 4-31 所示）中，进行设置，单击"确定"完成筛选。

（2）在"筛选 2"工作表中，同上方法，为表格添加筛选按钮，单击"姓名"列的筛选按钮，在下拉列表中选择"文本筛选"→"开头是"，在弹出的对话框中输入：刘，单击"确定"完成筛选。

（3）在"筛选 3"工作表中，添加筛选按钮，采用步骤（1）相似的方法，分别设置"平均分"列和"不及格科目"列的筛选条件。

（4）在"筛选 4"工作表中，添加筛选按钮，单击"平均分"列的筛选按钮，在下拉列表中选择"数字筛选"→"前 10 项"，在弹出的对话框中设置条件，如图 4-32 所示，单击"确定"完成设置。

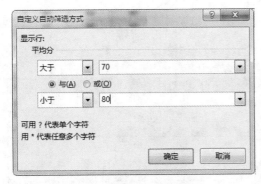

图 4-31　筛选"平均分"　　　　　　　图 4-32　设置筛选条件

【案例 3】分类汇总。

要求：

在工作簿中插入一个新工作表，命名为"分类汇总"。并将"初始数据"的内容复制到新工作表中。

对学生成绩统计表中的数据进行分类汇总；按"班级"求出各班学生的"数学""物理"和"化学"三科的平均分，结果显示在数据的下方。

操作步骤：

（1）在"分类汇总"工作表中，首先按分类字段排序数据。

将插入点定位在"班级"列的任意单元格中，单击"数据"功能区"排序和筛选"组"升序"按钮。

操作提示：进行分类汇总前，必须要对分类列进行排序，否则分类汇总的结果不正确。

（2）插入点定位于数据表中，单击"数据"功能区"分级显示"组"分类汇总"，打开"分类汇总"对话框，设置分类汇总项，如图 4-33 所示。单击"确定"，完成分类汇总操作。

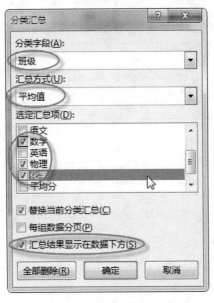

图 4-33　"分类汇总"对话框

（3）分类汇总的结果如图 4-34 所示。单击左侧层次按钮，可展开或折叠各分类项数据。

| 学号 | 班级 | 姓名 | 语文 | 数学 | 英语 | 物理 | 化学 | 平均分 | 不及格科目 |
|---|---|---|---|---|---|---|---|---|---|
| | | | | | 学生成绩统计表 | | | | |
| 160104 | 1班 | 刘金华 | 80 | 76 | 73 | 100 | 84 | 83 | 0 |
| 160105 | 1班 | 刘富彪 | 56 | 82 | 75 | 98 | 93 | 81 | 1 |
| 160101 | 1班 | 梁海平 | 80 | 84 | 85 | 92 | 91 | 86 | 0 |
| 160108 | 1班 | 黄仕玲 | 61 | 83 | 81 | 92 | 64 | 76 | 0 |
| | 1班 平均值 | | | 81.25 | | 95.5 | 83 | | |
| 160201 | 2班 | 邓远彬 | 69 | 95 | 62 | 88 | 86 | 80 | 0 |
| 160203 | 2班 | 邹文晴 | 84 | 78 | 90 | 83 | 83 | 84 | 0 |
| 160212 | 2班 | 李迅宇 | 48 | 90 | 79 | 58 | 53 | 66 | 3 |
| 160202 | 2班 | 欧海军 | 75 | 75 | 79 | 55 | 90 | 75 | 1 |
| | 2班 平均值 | | | 84.5 | | 71 | 78 | | |
| 160301 | 3班 | 邓云华 | 96 | 49 | 66 | 91 | 92 | 79 | 1 |
| 160302 | 3班 | 刘章辉 | 77 | 95 | 69 | 90 | 89 | 84 | 0 |
| 160310 | 3班 | 叶建琴 | 53 | 81 | 75 | 87 | 88 | 77 | 1 |
| 160304 | 3班 | 张晓丽 | 49 | 84 | 89 | 83 | 87 | 78 | 1 |
| | 3班 平均值 | | | 77.25 | | 87.75 | 89 | | |
| | 总计平均值 | | | 81 | | 84.75 | 83.333333 | | |

图 4-34　"分类汇总"结果

（4）取消分类汇总，可单击"分类汇总"对话框中"全部删除"按钮。

【案例 2】图表的制作。

已知某高校学生人数表如图 4-35 所示，根据学生人数完成下面要求的图表制作：

要求：

● 根据各学院年级学生人数，制作簇状柱形图，显示各学院各年级人数情况。

● 根据文法学院的人数，创建一个簇状条形图并存放在新工作表中，工作表命名为"文法学院学生人数图"，并在数据系列外显示具体的学生人数和会计学院的数据表。

| | 信息学院 | 机械学院 | 文法学院 | 传媒学院 | 经济学院 |
|---|---|---|---|---|---|
| | | 某高校学生人数表 | | | |
| 一年级 | 967 | 874 | 468 | 674 | 547 |
| 二年级 | 586 | 850 | 354 | 552 | 688 |
| 三年级 | 857 | 854 | 354 | 454 | 341 |
| 四年级 | 426 | 654 | 348 | 321 | 456 |
| 总计 | 2836 | 3232 | 1524 | 2001 | 2032 |

图 4-35　某高校学生人数表

● 根据各学院的总人数创建三维饼型图表，在饼型图上显示各学院学生的人数比例。

● 在 G 列的 G3:G6 单元格中插入折线迷你图，显示各年级人员分布情况。

操作步骤：

（1）选择单元格区域 A2:F6，从"插入"功能区"图表"组中选择图表类型"簇状柱形图",即可在工作表中插入图表,选中图表,将插入点定位于"图表标题"文本中,修改图表标题为"各学院人数情况图",如图 4-36 所示。

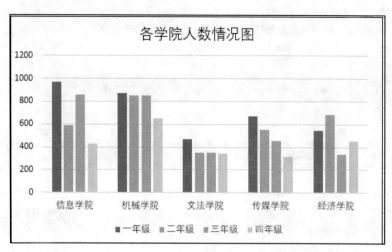

图 4-36　簇状柱形图

(2)选择单元格区域 A2:A6 和 D2:D6,从"插入"功能区"图表"组中选择"簇状条形图",选择图表,单击"图表工具"功能区"设计"组"移动图表"按钮,弹出"移动图表"对话框,选择"新工作表"并输入工作表名为"文法学院学生人数图",如图 4-37 所示,单击"确定"完成工作表图表的创建。

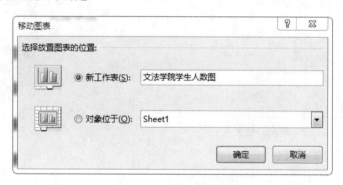

图 4-37　"移动图表"对话框

(3)选中工作表图表,在图表右侧单击"图表元素"按钮,勾选"数据标签"→"数据标签外"(在系列上显示学生人数);勾选"数据表"→"显示图例项标示"(在图表工作表中显示文法学院的数据表),如图 4-38 所示。

(4)选择单元格区域 B2:F2 和 B7:F7,从"插入"功能区"图表"组中选择"三维饼图",完成饼图的插入。

(5)选中饼图图表,单击"图表工具"功能区"设计"组"添加图表元素",在弹出的下拉列表中,选择"图例"→"顶部"(将图例放置于图表标题下);选择"数据标签"→"其他数据标签选项",在打开的右侧窗格中设置标签选项,如图 4-39 所示。关闭右侧窗格,完成饼图的设置。

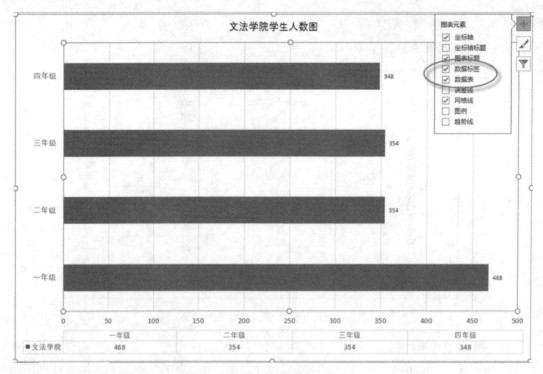

图 4-38 簇状条形图表工作表

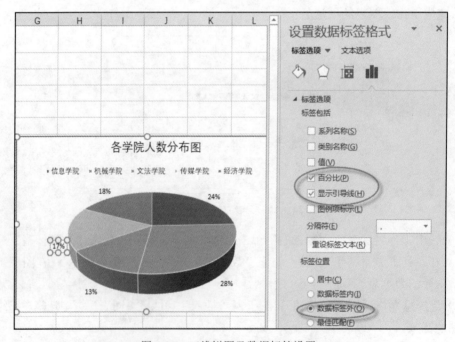

图 4-39 三维饼图及数据标签设置

（6）在 G2 单元格中输入文本"人数分布图"；选择单元格区域 B3:F6，单击"插入"功能区"迷你图"组"折线"按钮，弹出"创建迷你图"对话框，如图 4-40 所示，设置迷你图放置位置，单击"确定"，完成迷你图插入。

图 4-40　"创建迷你图"对话框

（7）选择迷你图区域，勾选"迷你图工具-设计"功能区"显示"组中"显示"多选框，为迷你图添加标记。插入的迷你图效果如图 4-41 所示。

| | 信息学院 | 机械学院 | 文法学院 | 传媒学院 | 经济学院 | 人数分布图 |
|---|---|---|---|---|---|---|
| 一年级 | 967 | 874 | 468 | 674 | 547 | |
| 二年级 | 586 | 850 | 354 | 552 | 688 | |
| 三年级 | 857 | 854 | 354 | 454 | 341 | |
| 四年级 | 426 | 654 | 348 | 321 | 456 | |
| 总计 | 2836 | 3232 | 1524 | 2001 | 2032 | |

某高校学生人数表

图 4-41　"人数分布"迷你图效果

【案例 5】图表的编辑。

要求：

● 修改簇状柱形图，使其只显示信息、机械、文法学院一年级和四年级的学生人数情况。

● 修改柱形图的纵轴刻度范围从 0～1000，主刻度单位为 200；为其图表区设置纹理填充：羊皮纸。

操作步骤：

（1）拖动鼠标修改数据。当选择图表时，Excel 会为数据源区域添加轮廓线，可以拖动区域轮廓线右下角的控制点来增加和减少数据区域。

选择簇状柱形图表，将鼠标指针指向数据区域的蓝色框线，当指针变为双向箭头形状时，拖动鼠标左键将蓝色区域向左移动，删除传媒学院和经济学院，如图 4-42 所示。

| | 信息学院 | 机械学院 | 文法学院 | 传媒学院 | 经济学院 |
|---|---|---|---|---|---|
| 一年级 | 967 | 874 | 468 | 674 | 547 |
| 二年级 | 586 | 850 | 354 | 552 | 688 |
| 三年级 | 857 | 854 | 354 | 454 | 341 |
| 四年级 | 426 | 654 | 348 | 321 | 456 |
| 总计 | 2836 | 3232 | 1524 | 2001 | 2032 |

某高校学生人数表

图 4-42　鼠标拖动数据区域轮廓线减少数据项

（2）使用"选择数据源"对话框。选中图表，单击"图表工具-设计"功能区"数据"组"选择数据"，在弹出的"选择数据源"对话框中，在"图例项（系例）"中删除二年级和三年级两个系列，如图4-43所示。

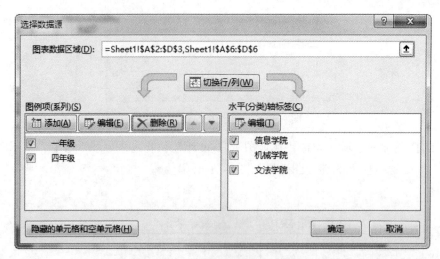

图4-43　"选择数据源"对话框

（3）单击柱形图表的纵坐标轴，单击"图表工具-设计"功能区"图表布局"组"添加图表元素"，在下拉列表中选择"坐标轴"→"更多轴选项"，打开右侧"设置坐标轴格式"任务窗格。在"坐标轴选项"下拉列表中选择"垂直（值）轴"，设置边界最小值为 0，最大值为1000，单位：大（主刻度）为200；如图4-44所示，关闭右侧窗格完成设置。

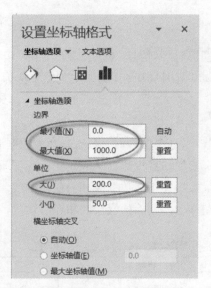

图4-44　修改垂直坐标轴刻度

（4）单击柱形图的"图表区"，单击"图表工具-格式"功能区"形状样式"组"形状填充"，在其下拉列表中选择"纹理"→"羊皮纸"，设置完成后的图表如图4-45所示。

（5）保存工作簿。

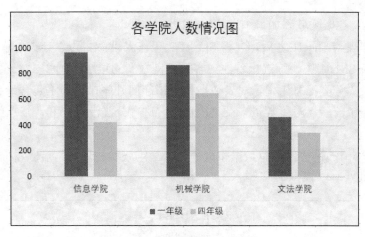

图 4-45 修改后的簇状柱形图

## 四、实验练习

（1）新建一个工作表，以"EXCEL 练习三"命名，参照图 4-46 录入原始数据，完成下列操作。

| | A | B | C | D | E | F |
|---|---|---|---|---|---|---|
| 1 | | | | | | |
| 2 | 经销部门 | 图书类别 | 季度 | 数量(册) | 销售额(元 | 备注 |
| 3 | 第1分部 | 社科类 | 1 | 569 | 28450 | |
| 4 | 第1分部 | 计算机类 | 1 | 345 | 24150 | |
| 5 | 第1分部 | 少儿类 | 1 | 765 | 22950 | |
| 6 | 第2分部 | 计算机类 | 1 | 206 | 14420 | |
| 7 | 第2分部 | 社科类 | 1 | 178 | 8900 | |
| 8 | 第2分部 | 社科类 | 1 | 167 | 8350 | |
| 9 | 第3分部 | 计算机类 | 1 | 212 | 14840 | |
| 10 | 第3分部 | 少儿类 | 1 | 306 | 9180 | |
| 11 | 第1分部 | 少儿类 | 2 | 654 | 19620 | |
| 12 | 第2分部 | 计算机类 | 2 | 256 | 17920 | |
| 13 | 第2分部 | 少儿类 | 2 | 312 | 9360 | |
| 14 | 第3分部 | 计算机类 | 2 | 345 | 24150 | |
| 15 | 第3分部 | 少儿类 | 2 | 321 | 9630 | |
| 16 | 第2分部 | 计算机类 | 3 | 234 | 16380 | |
| 17 | 第2分部 | 社科类 | 3 | 218 | 10900 | |
| 18 | 第3分部 | 计算机类 | 3 | 378 | 26460 | |

图 4-46 Excel 练习三.xlsx 的原始数据

① 在 Sheet1 工作表的 A1 单元格中输入标题"图书销售情况表"，并将标题设置为等线、18 号字，在 A1:F1 范围内合并后居中。

② 在 A19 单元格内输入"最小值"，在 D19 和 E19 单元格中利用函数计算"数量"和"销售额"的最小值；在 F 列前面插入一列，F2 单元格中输入"平均单价(元)"，在 F3:F18 单元格中用公式计算平均单价（=销售额/数量），并设置为货币格式（￥）。

③ 将第 2 行至第 19 行的行高设置为 22，并设置 E 列和 F 列为自动调整列宽。

④ 在工作表的 G 列用 IF 函数填充，要求当销售额大于 18000 元时，备注内容为"良好"，销售额为其他值时显示"一般"。

⑤ 为 A2:G19 数据区域添加最细实线样式内外边框。

⑥ 复制工作表到 Sheet1 之后，并将 Sheet1(2)工作表重命名为"分类汇总"。

⑦ 在工作表 Sheet1 中，筛选出备注内容为"良好"的记录。

⑧ 在工作表"分类汇总"中，对表数据按经销部门升序排序，不包含最小值行。

⑨ 按照"经销部门"对"数量"及"销售额"进行分类汇总求和，汇总结果显示在数据下方。

⑩根据经销部门的销售额汇总数据生成一张"三维簇状柱形图"，图表标题为"各部门图书销售比较"，如图 4-47 所示。

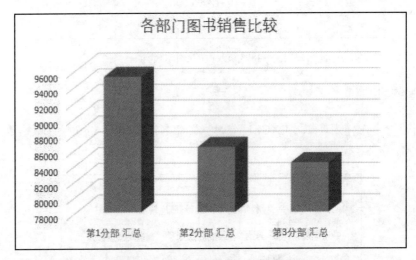

图 4-47　图表：各部门图书销售比较

（2）新建工作簿"EXCEL 练习四.xlsx"，数据如图 4-48 所示，操作要求如下：

| | A | B | C | D | E | F | G |
|---|---|---|---|---|---|---|---|
| 1 | | | | | | | |
| 2 | 教材编号 | 教材名称 | 课程类别 | 教材单价 | 学生人数 | 金额 | 备注 |
| 3 | 03006 | 图形图象处理技术 | 专业课 | 36.5 | 43 | | |
| 4 | 02004 | 数据库原理 | 专业基础课 | 34.5 | 126 | | |
| 5 | 03004 | 数据库开发实务 | 专业课 | 21.3 | 46 | | |
| 6 | 02007 | 数据结构 | 专业基础课 | 35.8 | 58 | | |
| 7 | 01009 | 实用英语 | 公共基础课 | 16.7 | 275 | | |
| 8 | 03005 | 软件工程 | 专业课 | 32.8 | 35 | | |
| 9 | 01012 | 日语 | 公共基础课 | 14.5 | 220 | | |
| 10 | 01005 | 计算机应用基础 | 公共基础课 | 28.6 | 345 | | |
| 11 | 01001 | 高等数学 | 公共基础课 | 18.8 | 210 | | |
| 12 | 02003 | 操作系统 | 专业基础课 | 28.7 | 157 | | |
| 13 | 02002 | VB程序设计语言 | 专业基础课 | 30.8 | 235 | | |
| 14 | 03003 | ERP原理与应用 | 专业课 | 38.4 | 45 | | |
| 15 | | 合计 | | | | | |
| 16 | | | | | | | |
| 17 | | | | | | | |

图 4-48　EXCEL 练习四.xlsx 原始数据

① 在 Sheet1 工作表的 A1 单元格中输入标题"教材统计表"，并将其设置为等线、18 号字，在 A1:G1 范围内跨列居中。

② 在"高等数学"后插入一行记录，内容为：01002、大学语文、公共基础课、25.8、257。

③ 在 F3:F15 区域中利用公式计算教材的金额（金额＝教材单价×学生人数），结果为数值型保留 2 位小数。

④ 复制 Sheet1 工作表中内容到 Sheet3 工作表中，自 A1 单元格开始存放，并将其重命名为"教材统计"，将第 2 行到第 15 行的行高设为 20，并使表格中的数据水平和垂直对齐方式均设置为居中。

⑤ 在"教材统计"工作表中，按照主要关键字"课程类别"的降序和次要关键字"教材编号"的升序进行排序，并将课程类别为"专业基础课"所在行的数据区域设置为浅绿色填充。

⑥ 在"教材统计"工作表中，用函数分别求出"学生人数""金额"之和，并填入"合计"所在行的相对应单元格中，设置它们的格式（对齐方式和小数位数）与各自列相同。

⑦ 在"教材统计"工作表中，"备注"列前插入一列，在 G2 单元格输入"比例"，在 G7:G10 区域使用公式计算出"专业基础课"教材金额占教材金额的比例（注意使用绝对地址计算），数据格式为百分比，保留 1 位小数。

⑧ 在"教材统计"工作表中当课程类别为"专业课"时在"备注"列（H3:H15 区域）对应行用 IF 函数填入"精品课"，课程类别为其他，则不填内容。并将"备注"列（H3:H15 区域）应用单元格样式"注释"。

⑨ 用"教材名称"和"金额"列数据建立一个饼图，要求图例在右侧。效果如图 4-49 所示。

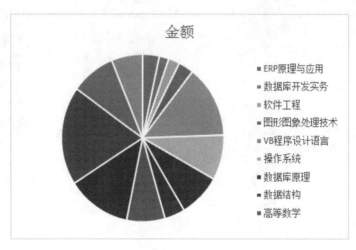

图 4-49　金额饼图

⑩打印设置：纸张大小为 A4，横向打印。

## 五、Excel 综合作业

要求：

（1）任意选择一个数据问题，创建一个数据表，如学生成绩表、职工工资表、图书信息表、商品销售情况表、体育赛事表等。

（2）文件命名为：学号_姓名_班级.xlsx。

（3）工作簿中包括 5 张工作表：

　　第 1 张工作表，表名：格式化，包括至少 20 行原始数据、相关的公式或函数计算、数据格式设置，并设置表格格式：标题、字体、对齐方式、边框和填充、条件格式设置，批注等。

　　第 2 张工作表，表名：排序，复制原始数据至工作表，对数据按某关键字进行排序（工作表中需简要说明操作要求）；

　　第 3 张工作表，表名：筛选，复制原始数据到工作表，对数据按某条件进行自动筛选操作（工作表中需简要说明操作要求）；

　　第 4 张工作表，表名：分类汇总，复制原始数据到工作表，对数据进行分类汇总操作（工作表中需简要说明操作要求）；

　　第 5 张工作表，表名：图表，复制原始数据到工作表，设计一个能够反映实际问题的图表。

## 六、实验思考

　　（1）如何输入全部由数字字符组成的文本数据，如编号、学号、身份证号等数据？

　　（2）如何给单元格添加或删除批注？

　　（3）如何快速输入系统的当前日期和当前时间？

　　（4）如何通过数据验证来限定单元格数据的输入范围？

　　（5）如何添加自定义序列？

　　（6）在 Excel 环境下，功能键 F4、Ctrl、Alt+Enter 和 Ctrl+Enter 的作用分别是什么？

# 第5章 演示文稿软件 PowerPoint 2016

**本章实验的基本要求：**

- 掌握制作演示文稿的操作方法。
- 掌握 PowerPoint 的文本、图片和声音等幻灯片元素的设置和操作。
- 掌握 PowerPoint 动画和超链接的设置。
- 掌握幻灯片的放映方法。

## 实验 1 幻灯片的基本操作

### 一、实验目的

（1）了解 PowerPoint 2016 窗口的组成、视图方式及幻灯片制作的相关概念。

（2）学会创建新的演示文稿及输入、编辑幻灯片内容。

（3）掌握幻灯片的设置与修改方法。

### 二、实验准备

（1）熟悉 PowerPoint 2016 的启动和退出。

（2）在某个磁盘（如 E:\）下创建一个文件夹，命名为"学号_班级_姓名_演示文稿"。打开该文件夹，在其中右击，选定快捷菜单中的"新建"→"Microsoft PowerPoint 演示文稿"命令，在其中完成幻灯片练习并注意随时保存所完成的内容。

（3）如果要完成诸如毕业论文答辩、企业培训讲解、公司产品介绍等大型演示文稿的制作，一般要经历以下几个步骤：

- 准备素材。主要是准备演示文稿中所需要的一些图片、声音、动画等文件。
- 确定方案。对演示文稿内容的整个构架作一个设计方案。
- 初步制作。将文本、图片等对象输入或插入到相应的幻灯片中。
- 装饰处理。设置幻灯片相关对象的格式，包括图文的颜色、动画效果等。
- 预演播放。设置播放过程的相关命令，查看播放效果，修改满意后正式播放。

### 三、实验内容及步骤

【案例 1】设置幻灯片的版式、主题。

制作第一张幻灯片，如图 5-1 所示。幻灯片版式为"标题和内容"，主题为"视图"，并另外插入一幅图片作为背景。保存为"第一张幻灯片"。

图 5-1　第一张幻灯片

操作步骤：

（1）单击"开始"选项卡"版式"按钮，弹出"幻灯片版式"下拉列表（如图 5-2 所示），在其中选定"标题和内容"版式。

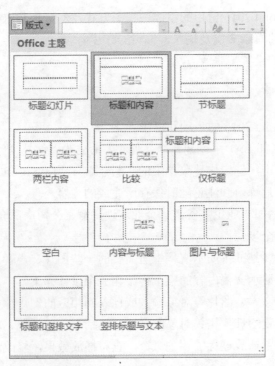

图 5-2　"幻灯片版式"下拉列表

（2）单击"设计"选项卡"主题"组旁的下拉按钮，弹出"主题"下拉列表（如图 5-3 所示），选择"视图"主题。

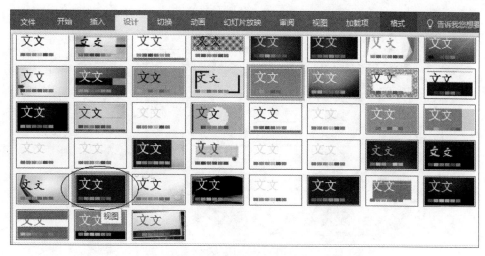

图 5-3　"主题"下拉列表

（3）在演示文稿的工作区中，单击"单击此处添加标题"虚线框内任意一点，输入标题字符"古诗欣赏"，并选中输入的字符，利用"开始"选项卡的"字体"组上的"字体""字号""字体颜色"按钮，将标题设置为"华文行楷""60"号，颜色为"黄色"。

（4）单击"单击此处添加文本"处，输入四行古诗，仿照上面的方法设置好文本的相关要素。

（5）单击"插入"选项卡"图像"组"图片"按钮，打开"插入图片"对话框，将存储于某文件夹中的图片插入到幻灯片中。右击图片，在快捷菜单中单击"大小和位置"命令，弹出右侧"设置图片格式"窗格，将"缩放高度"和"缩放宽度"设置为 300%，并调整位置，如图 5-4 所示。右击图片，在快捷菜单中设置"置于底层"，这样文字部分就不会被图片遮住了。

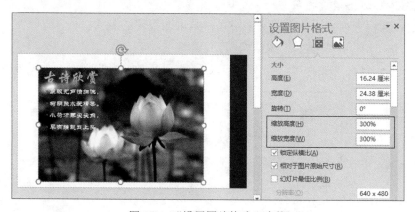

图 5-4　"设置图片格式"窗格

（6）单击标题栏左侧的快捷工具栏上的"保存"按钮保存文件，命名为"第一张幻灯片"。

【案例 2】在幻灯片中插入和编辑表格。

在"第一张幻灯片"文件中，插入一张新幻灯片，应用主题"视差"制作一个课程表（如图 5-5 所示）。

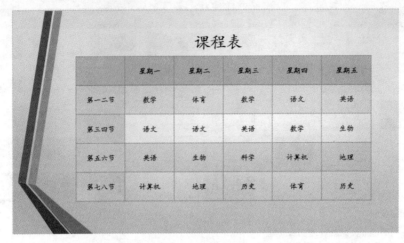

图 5-5　制作表格

操作步骤：

（1）单击"开始"选项卡"幻灯片"组"新建幻灯片"按钮，即可显示一张新幻灯片，新插入的幻灯片默认版式为"标题和内容"。

（2）在"设计"选项卡中选择"视差"主题，右击，弹出快捷菜单，选择"应用于选定幻灯片"。

（3）在演示文稿的工作区中，单击"单击此处添加标题"虚线框内任意一点，输入标题字符"课程表"。

（4）在内容栏的中间工具栏上单击"表格"按钮，在显示的"表格"对话框中输入表格的列数和行数，单击"确定"按钮，幻灯片中即会出现一张表格。

（5）选定表格，选择"表格工具-设计"和"表格工具-布局"选项卡，可对表格的样式、边框、底纹等内容进行设置。

（6）输入课程表内容，并设置文字格式，结束课程表的制作。

【案例 3】在幻灯片中插入组织结构图。

在"第一张幻灯片"文件中，插入第一张新幻灯片，绘制"目录"，如图 5-6 所示。

图 5-6　垂直框列表

操作步骤：

（1）插入一张幻灯片，单击"标题和内容"版式里内容栏中间工具栏上"插入 SmartArt

图形"按钮。或在"空白"版式下，单击"插入"选项卡"插图"组"SmartArt"按钮。打开
"选择 SmartArt 图形"对话框，选择"列表"中的"垂直框列表"。

（2）在标题和方框里输入文本，利用"SmartArt-设计"和"SmartArt-格式"选项卡上的
功能按钮来完成其他操作。

（3）如果想在图形中加入新列表项，可以利用"设计"选项卡中的"添加形状"按钮，
不同图形的"添加形状"按钮的内容各不相同。

（4）"设计"选项卡的"版式"里给出各种形状布局，可以选择。

（5）"设计"选项卡中还可以选择不同的颜色和样式。

【案例 4】插入超链接。

插入一张新幻灯片，两栏版式，在幻灯片中插入艺术字"弘扬奥运精神"，如图 5-7 所示，
两栏内插入适当图片。建立超链接，将图 5-7 中的"弘扬奥运精神"文字与"第 1 张幻灯片"
链接起来。

图 5-7　建立超链接的文字

操作步骤：

（1）插入一张新的幻灯片，在"开始"选项卡的"版式"下拉列表中选择"两栏"内容。

（2）单击"插入"选项卡"文本"组"艺术字"按钮，在弹出的下拉列表中选择一种艺
术字，在幻灯片上出现"请在此放置您的文字"的文本框，更改文字为"弘扬奥运精神"，并
将该艺术字调整到合适位置。

（3）选定"弘扬奥运精神"文字，单击"插入"选项卡"链接"组"超链接"按钮，或
右击，选择快捷菜单上的"超链接"命令，或用快捷键 Ctrl+K，都会打开"插入超链接"对
话框。

（4）在"链接到"之下单击"本文档中的位置"，在"请选择文档中的位置"下选择第 1
张幻灯片的标题，单击"确定"按钮。

（5）建立了超链接的文字会自动加上一条下划线。在幻灯片放映视图方式下，鼠标放在
该文字上会变成"小手"形状，单击"弘扬奥运精神"超链接，即可切换到 1 号幻灯片界面上。

【案例 5】将演示文稿发布为 PDF 文件。

将"第一张幻灯片"演示文稿，发布为 PDF 文件。

操作步骤：

（1）打开"第一张幻灯片"演示文稿，选择"文件"→"另存为"命令，选择"浏览"
后弹出"另存为"对话框，在"保存类型"下拉列表中选择"PDF（*.pdf）"，如图 5-8 所示。

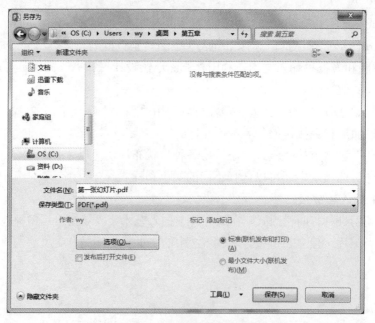

图 5-8　"另存为"对话框

（2）在"文件名"文本框中输入文件名称，在"保存位置"下拉列表中选择保存文件的路径。默认情况下，PDF 文件的标题是演示文稿的标题。

（3）单击"选项"按钮，弹出"选项"对话框，如图 5-9 所示，进行相应的设置后单击"确定"按钮。

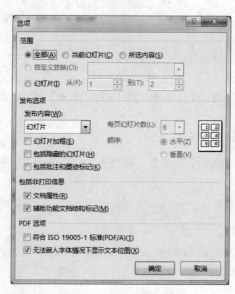

图 5-9　"选项"对话框

（4）单击"保存"按钮，开始发布，形成 PDF 文件。

【案例 6】创建一个相册。

新建幻灯片，编辑相册，插入 4 张小动物图片，相册图片版式为"2 张图片"，相框形状为"柔化边缘矩形"。相册主题为"基础",标题为"宠物"。如图 5-10 所示。

图 5-10　创建相册

操作步骤:

（1）单击标题栏左侧快捷工具栏上的"新建"按钮即可新建一个新幻灯片文件。

（2）单击"插入"选项卡"图像"组"相册"按钮,弹出"相册"对话框。

（3）在"相册"对话框中单击"文件/磁盘"按钮,弹出"插入图片"窗口,选择需要插入的 4 张图片,单击"插入"按钮,则在相册中的图片列表框,显示所选图片文件,如图 5-11 所示。

图 5-11　"相册"对话框

（4）在"图片版式"中选择"2 张图片",在"相框形状"中选择"柔化边缘矩形"。

（5）单击"创建"按钮,则完成相册的制作。

（6）设置相册主题为"基础":单击"设计"选项卡"主题"组"基础"选项,即完成设置,如图 5-12 所示。

（7）将标题"相册"改成"宠物",设置其字体为"华文仿宋",66 号。

图 5-12    "基础"主题

## 四、实验练习

（1）参照案例 1～案例 4，有创意地完成 4 张幻灯片的制作。

（2）模拟毕业论文答辩、企业培训讲解或公司产品介绍，制作一组完整的演示文稿。

要求：

① 第一张为标题页，含有主标题和副标题。

② 第二张为目录页，且与后面的章节建立超链接。

③ 幻灯片内容要丰富充实、层次清楚、背景美观、图文并茂。

④ 幻灯片要采用不同的版式和模板设计，插入各种图片、艺术字、表格、图表及多媒体信息。

## 五、实验思考

（1）在 PowerPoint 2016 中有几种视图方式？它们适用于何种情况？

（2）怎样为幻灯片设置背景？

# 实验 2    幻灯片的母版和动画设置

## 一、实验目的

（1）熟悉幻灯片母版的制作及应用。

（2）熟悉动画设置和播放方式。

## 二、实验准备

（1）准备制作演示文稿的相关素材（文字、图片、声音等）。

（2）在某个磁盘（如 E:\）下创建自己的文件夹，命名为"学号_班级_姓名_演示文稿"，用于存放练习文件。

## 三、实验内容及步骤

**【案例 1】** 设计幻灯片的母版。

根据需要，自己制作幻灯片的母版。

操作步骤：

（1）新建演示文稿，单击"视图"选项卡"母版视图"组"幻灯片母版"按钮，打开幻灯片母版视图，如图 5-13 所示。

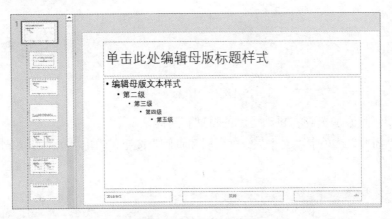

图 5-13　幻灯片母版视图

（2）设置母版字体。设置母版标题字体为"华文新魏"，44 号。设置正文字体为"华文楷体"，28 号。单击"幻灯片母版"选项卡"背景"组"字体"下拉列表，选择设置项。如图 5-14 所示。

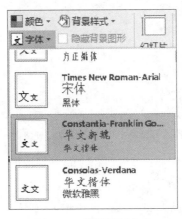

图 5-14　设置母版字体

（3）设置幻灯片背景。

① 在幻灯片的空白处，右击，弹出快捷菜单，选择"设置背景格式"命令。

② 在弹出的右侧窗格里的"填充"组中，选择"图案填充"选项，选择一种图案作为背景，并设置图案的前景色和背景色。如图 5-15 所示。

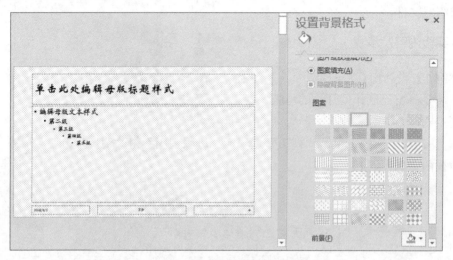

图 5-15　选择"图案填充"背景

（4）为幻灯片添加页脚和自动更新的日期和时间。

① 单击"插入"选项卡"文本"组"页眉和页脚"按钮，弹出"页眉和页脚"对话框（如图 5-16 所示）。

图 5-16　"页眉和页脚"对话框

② 在"幻灯片包含内容"中选中"日期和时间"复选框，选择"自动更新"单选按钮，在日期和时间下拉列表中选择一种日期和时间的表示方式。

③ 选中"页脚"复选框，在下面的文本框中输入文本"计算机基础"，并勾选"标题幻灯片中不显示"复选框。

④ 单击"全部应用"按钮。这样所有幻灯片的页脚区域就添加上了自动更新的日期和时间及文字"计算机基础"。

⑤ 若要更改字体、字号、颜色等，在页脚区选择相应内容进行更改即可。

（5）在幻灯片母版中插入对象。选择"插入"选项卡"插图"组"形状"下拉按钮，或者在"开始"选项卡"绘图"组"形状"中单击"自选图形"按钮，插入"十字星"。如图 5-17 所示。这样，每一张幻灯片都能出现"十字星"图形。

操作提示：

在幻灯片母版中插入的对象，只能在母版状态下编辑，其他状态无法对其编辑。

（6）重命名幻灯片母版。

① 在"幻灯片母版"选项卡"编辑母版"组上，单击"重命名"按钮。

② 弹出"重命名版式"对话框，如图 5-18 所示，在"版式名称"文本框中输入"jsj"。

图 5-17　在母版中插入自选图形　　　　图 5-18　"重命名版式"对话框

③ 单击"重命名"按钮，完成命名。

（7）保存幻灯片模板。选择"文件"选项卡"另存为"命令，弹出"另存为"对话框，选择"这台电脑"，弹出"另存为"对话框，保存类型为"PowerPoint 模板（*.potx）"，默认的保存路径为"我的文档"→"自定义 Offer 模板"，也可以选择特定的路径（如 E:\）保存模板文件。文件名设为"PPT 实验.potx"，如图 5-19 所示。

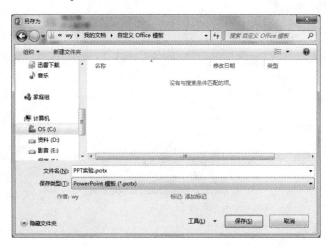

图 5-19　"另存为"对话框

（8）关闭母版视图，返回到普通视图，输入文本。如图 5-20 所示。

图 5-20 幻灯片的普通视图

（9）插入新幻灯片。插入的幻灯片默认采用设置好的母版版式，如图 5-21 所示。

图 5-21 插入的新幻灯片

【案例 2】为幻灯片设置动画效果。

打开实验一中的"第一张幻灯片"演示文稿，插入一张新幻灯片，输入如图 5-22 所示的内容及图片，设置幻灯片的多个动画效果和动作路径。将所有的幻灯片切换效果设置为"压碎"。

图 5-22 定义了多个动作路径的幻灯片

操作步骤：

（1）选中要添加动画的元素，单击"动画"选项卡"动画"组"动画"旁边的下拉按钮，在弹出的各种动画中选择一种动画。

操作提示：

"动画"列表中有 4 种动画方式——进入、强调、退出和动作路径。每种动画方式列表中罗列好几种效果，除此以外，还可以打开这 4 种动画方式的其他效果对话框选择更多的动画效果。

（2）在"动画"组的"效果选项"中选择一种该动画的效果。不同的动画，"效果选项"内容也各不相同。例如选中标题"认识 PowerPoint"，选择动画中的"自定义路径"，在"效果选项"中选择"曲线"（如图 5-23），然后在幻灯片上画出动作路径。画动作路径的方法为：在动作起始点单击，在动作转折处再单击，直到动作终点，双击鼠标，完成动作设置。

（3）在"计时"组中设置动画的"开始"方式，"持续时间"和"延迟"。这样一个动画就设置完毕。

（4）若对同一个对象添加多个动画效果，单击"高级动画"组中的"添加动画"按钮，弹出下拉列表，选择一种动画，重复（2）（3）设置，完成动画的添加。

（5）单击"高级动画"组中的"动画窗格"按钮，在幻灯片右侧弹出"动画窗格"。此时，"动画窗格"中出现了该幻灯片所设置的所有动画，动画的序号和说明。单击某一个动画说明的向下箭头，可以在下拉列表中设置该动画的出现时刻等属性。还可以在"动画窗格"中调整动画顺序，查看播放效果。

（6）重复前面步骤，对其他元素设置动画效果。

（7）单击"播放"按钮，可以播放当前幻灯片的动画效果。

（8）如果要修改动画效果，单击"动画窗格"中已经设置好的动画，重新选择动画方式即可。若要删除该动画，选中动画编号，按 Delete 键，或在"动画窗格"中单击动画右侧下拉按钮，在弹出的菜单中选择"删除"命令，如图 5-24 所示。

图 5-23　"自定义路径"的效果选项

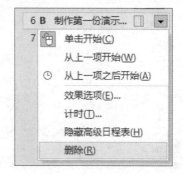

图 5-24　动画的删除

（9）单击任意一张幻灯片，在"切换"选项卡"切换到此幻灯片"组中单击"压碎"切换效果，在"计时"组中单击"全部应用"按钮，则所有的幻灯片切换效果都为"压碎"。最后保存文件。

【案例3】制作精美贺卡。

利用网络资源为好友制作一个精美贺卡。要求：设置贺卡背景，输入字符，添加个性图片，设置背景音乐。

操作步骤：

（1）上网收集图片和音乐资料，保存到指定文件夹后。

（2）启动 PowerPoint 2016，创建演示文稿，选择"空白"版式，保存为"贺卡"。

（3）设置贺卡背景。单击"设计"选项卡"自定义"组"设置背景格式"按钮，在幻灯片右侧弹出"设置背景格式"窗格。在"填充"选项中选择"图片或纹理填充"单选项。

在"插入图片来自"选项中单击"文件"按钮，打开"插入图片"对话框，选择事先准备好的图片，确定后返回，则设置好了贺卡背景。

（4）插入文本框，输入字符，设置效果。单击"开始"选项卡"绘图"组"水平文本框"按钮，然后在页面上拖拉出一个文本框并输入相应的字符，如 Merry Christmas！。也可以直接插入艺术字。

设置字体为"华文行楷"，字号"80"，字符颜色"黄色"。

选中"文本框"，单击"动画"选项卡"动画"组"进入"→"弹跳"选项，再单击"添加动画"选择"旋转"。这两个动画的持续时间均设置为"02.00"。

（5）插入图形。单击"开始"选项卡"绘图"组"云状标注"选项，然后在幻灯片中拖拉出一个"云形"来。

在"云形"标注中输入"圣诞快乐"（如图 5-25 所示）。

图 5-25　设置贺卡的动画特效

单击"动画"选项卡"动画"组的"强调"→"补色"选项，为"云形"标注添加播放特效，将"持续时间"设置为"01.00"。

（6）插入图片。单击"插入"选项卡"图像"组"图片"按钮，在"插入图片"对话框中选择事先准备好的名为礼物的图片，单击"插入"按钮。在幻灯片中调整好图片大小，将其定位在贺卡的合适位置上。

设置柔化边缘 50 磅：单击"图片工具-格式"选项卡"图片样式"组"图片效果"→"柔化边缘"→"50 磅"。

仿照上面的操作为图片添加动画，如进入效果为"淡出"。

单击"动画"选项卡的"预览"按钮可观看播放效果。

（7）设置背景音乐。单击"插入"选项卡"媒体"组"音频"→"PC 上的音频"选项，打开"插入音频"对话框。

定位到前面准备的音乐文件所在的文件夹，选中相应的音乐文件，确定返回。

此时，在幻灯片中出现一个小喇叭图标和对应的播放工具栏，将其定位在合适的位置上。

插入声音文件后，在"动画窗格"中出现一个声音动画选项，按住左键将其拖动到第一项，这样一开始放映幻灯片就会播放音乐。

在"音频工具-播放"选项卡的"音频选项"组中，"开始"项选择"自动"，勾选"播放时隐藏"选项和"循环播放，直到停止"选项。也可以对音频进行裁剪和音量等设置。

【案例 4】综合练习。

创建一个新的演示文稿，命名为"综合练习"，对其进行如下操作：

（1）设置幻灯片主题为"肥皂"。

（2）在第 1 张幻灯片中标题为"综合练习"，华文行楷，88 号，颜色为"红色"。副标题为"江山如画"，设置副标题填充为"浅蓝"色，字体设置为"楷书"，字号为 40 号，白色。在第一张幻灯片的备注页添加文字"岁月若诗"。

（3）在标题幻灯片后插入一张新的幻灯片，将该幻灯片设置为"标题和内容"版式。在该幻灯片的标题位置输入"风景"；并在该幻灯片的内容文本框中输入 3 行文字，分别为"黄山""西湖""千岛湖"。适当调整文字大小、颜色等等。

（4）第 2 张幻灯片后中插入一张新的幻灯片，将该幻灯片设置为"空白"版式。并在其中插入 2 行 3 列样式的艺术字"科技改变生活"，设置其进入动画为"浮入"。插入一个表格，样式为"主题样式 1-强调 5"，内容自定。

（5）在第 3 张幻灯片后面插入一张"两栏内容"版式幻灯片，分别在两栏里插入与黄山相关的图片，设置左侧图片的进入动画效果为自左侧"擦除"，设置右侧图片的进入动画为"旋转"。

（6）在第 4 张幻灯片后面插入一张"空白"版式幻灯片，在左侧插入一个横排文本框，输入文字"美丽的风景""秀美的西湖""游人如织"，适当调整大小，并为其添加项目符号。

在右侧插入一幅图片。图片大小缩放至 67%，设置其柔化边缘 50 磅。设置图片的动画为"轮子"，8 轮辐图案。

（7）将第 2 张幻灯片中文字"黄山"链接到第 4 张幻灯片，文字"西湖"链接到第 5 张幻灯片。

（8）在第 1 张幻灯片中插入音频文件作为幻灯片的背景音乐，放映时隐藏。

（9）为所有幻灯片添加页脚"风景"，并设置幻灯片编号，起始编号为"2"，标题幻灯片中不显示。

（10）设置所有幻灯片的切换方式为"飞机"。

（11）隐藏第 3 张幻灯片。

（12）设置幻灯片的放映选项为"循环放映，按 ESC 键终止"。设置幻灯片的换片方式为"手动"。

操作步骤：

（1）新建一个幻灯片，单击"设计"选项卡"主题"组"肥皂"按钮，将幻灯片设置为"肥皂"主题。

（2）选中第 1 张幻灯片，设置标题为"综合练习"，副标题的文字为"江山如画"，在"开始"选项卡"字体"组中设置字体、字号。单击副标题虚线框，在"绘图"组"形状填充"中选择"浅蓝"，调整其大小使其文字在文本框内。单击状态栏的"备注"按钮，弹出备注窗格，添加文字"岁月若诗"。如图 5-26 所示。

图 5-26　第 1 张幻灯片

（3）选择第 1 张幻灯片，单击"开始"选项卡"幻灯片"组"新建幻灯片"按钮，添加一张新的幻灯片，默认为"标题和内容"版式。在标题位置输入"风景"；在内容文本框中输入 3 行文字，分别为"黄山""西湖""千岛湖"。适当调整文字大小、颜色等等。

（4）插入一张新的幻灯片，选择"空白"版式，单击"插入"选项卡"文本"组"艺术字"，选择第二行第三列艺术字，输入文字"科技改变生活"，调整其位置。单击"动画"选项卡"动画"组"浮入"，完成动画设置。

单击"插入"选项卡"表格"按钮，设置三行四列表格，在幻灯片上插入一张表格，调整大小和位置。在"表格工具-布局"选项卡"表格样式"组中，选择"主题样式1-强调5"，输入内容。

第 3 张幻灯片如图 5-27 所示。

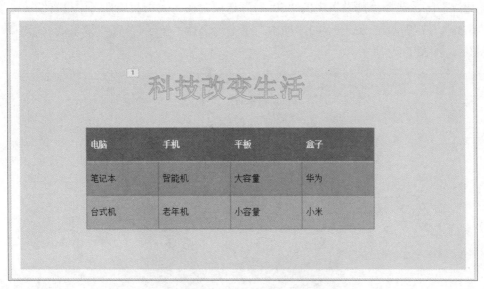

图 5-27 第 3 张幻灯片

（5）插入一张"两栏内容"版式幻灯片，在标题中输入"黄山风景"。单击内容栏中间的"图片"按钮，分别在两栏里插入与黄山相关的图片，在"动画"选项卡"动画"组中，设置左侧图片的进入动画效果为"擦除"，"效果选项"为"自左侧"，设置右侧图片的进入动画为"旋转"。第 4 张幻灯片如图 5-28 所示。

图 5-28 第 4 张幻灯片

（6）插入一个"空白"版式幻灯片，单击"绘图"组"横排文本框"按钮，在幻灯片左侧绘制后，输入相应文字，并调整大小，更改字体，再单击"段落"组中的"项目符号"，为文字添加项目符号。

单击"插入"选项卡"绘图"组"图像"按钮，插入所选图片，调整位置到幻灯片右侧。

选中图片，右击，弹出快捷菜单，选择"设置图片格式"，弹出"设置图片格式"对话框，在"柔化边缘"区，选择"预设"中的"50 磅"选项。在"大小和属性"中设置缩放高度和宽度为"67%"。在"动画"选项卡的"动画"组中，选择"轮子"，在"效果选项"中选择"8 轮辐图案"。如图 5-29 所示。

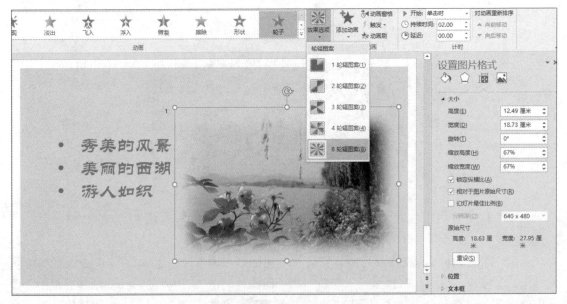

图 5-29    第 5 张幻灯片设置

（7）在第 2 张幻灯片中，选择文字"黄山"，单击"插入"选项卡"链接"组"超链接"按钮，弹出"插入超链接"对话框（如图 5-30 所示），在"本文档中的位置"选择第 4 张幻灯片，单击"确定"按钮。同样方法把文字"西湖"链接到第 5 张幻灯片。

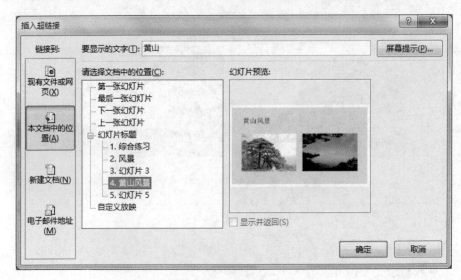

图 5-30    "插入超链接"对话框

（8）选择第一张幻灯片，单击"插入"选项卡"媒体"组"音频"按钮，选择"PC 机上的音频", 打开"插入音频"对话框, 选择所需音频插入到幻灯片上。在"音频工具-播放"选项卡"音频选项"组, 进行如图 5-31 所示的设置。

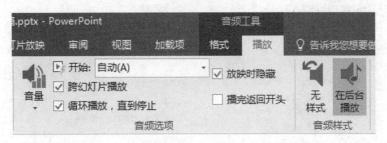

图 5-31　音频设置

（9）单击"插入"选项卡"文本"组"页眉页脚"按钮, 弹出"页面和页脚"对话框, 勾选"幻灯片编号""页脚"和"标题幻灯片中不显示页脚"复选框, 在"页脚"文本框中输入文字"风景", 单击"全部应用"按钮（如图 5-32 所示）。在幻灯片母版上还可以进行具体的格式设置。

图 5-32　"页眉和页脚"对话框

（10）在"幻灯片浏览"视图中, 选择全部幻灯片。单击"幻灯片切换"选项卡"切换到此幻灯片"组"华丽型"→"飞机", 即完成设置所有幻灯片的切换方式为"飞机"的操作。

（11）隐藏第三张幻灯片方法：在"普通视图"的"幻灯片导航"窗格, 选中第三张幻灯片, 右击, 弹出快捷菜单, 选择"隐藏幻灯片"命令即可。也可以通过"幻灯片放映"选项卡"设置"组"隐藏幻灯片"按钮来实现。

（12）单击"幻灯片放映"选项卡"设置"组"设置幻灯片放映"按钮, 弹出"设置放映方式"对话框, 在"放映选项"中选择"循环放映, 按 ESC 键终止","换片方式"中选择"手动"选项, 单击"确定"按钮即可。如图 5-34 所示。

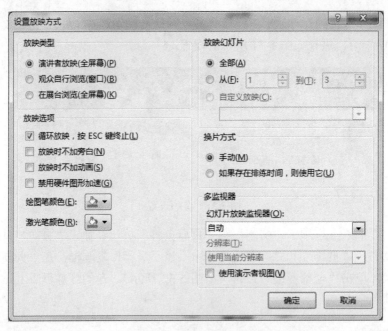

图 5-34　设置幻灯片放映

### 四、实验练习

（1）建立包含多张幻灯片的演示文稿，完成下列操作：

① 设置幻灯片的主题为"包裹"。

② 在母版中设置标题幻灯片的主标题文字为黑体，62 号字，蓝色(RGB 0,112,192)；设置标题和内容幻灯片中的标题文字为红色(RGB 255,0,0)。

③ 为所有幻灯片添加页脚"中国自己的品牌"。

④ 设置所有幻灯片的切换方式为"随机线条"。

⑤ 设置幻灯片放映类型为"观众自行浏览"。

⑥ 以原名保存幻灯片，再将幻灯片另存为 HUAWEI.pdf，保存在相同目录下。

（2）创建一个包括 4 张图文并茂的幻灯片，完成下列操作：

① 设置幻灯片的设计主题为"平面"，在第二张幻灯片中设置背景格式，在渐变填充项中，预设渐变为"底部聚光灯-个性色 2"。

② 为第一张设置切换效果：分割，上下向中央收缩，风铃声。

③ 为第二张幻灯片上的"生命"建立超链接，链接到第四张幻灯片。

④ 将第三张幻灯片上的文本转换为 SmartArt，版式设置为"基本循环"，如图 5-35 所示。

⑤ 为第四张幻灯片上的标题文字设置动画效果：旋转，为幻灯片上其他内容设置动画：擦除，方向为：自顶部，单击开始动画。

⑥ 在第四张幻灯片右下角插入动作按钮"转到主页"，超链接到"第一张幻灯片"。

⑦ 在最后一张幻灯片后新建一张"空白"版式的幻灯片，插入第四行第五列样式的艺术字，内容为"生活如此美好"。

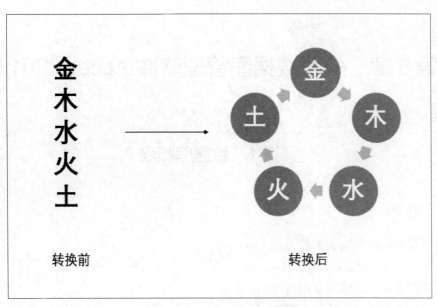

图 5-35　文本转换为 SmartArt

## 五、实验思考

（1）如何为一个图片设置多个动画效果？

（2）如何为一个演示文稿中的不同幻灯片设置不同的母版？

# 第6章 关系数据库管理软件 Access 2016

## 实验 1 数据库和表

### 一、实验目的

（1）掌握数据库及表的创建方法。
（2）掌握表结构的编辑方法。
（3）掌握表记录的录入及编辑方法。
（4）掌握表字段属性的设置方法。

### 二、实验内容及步骤

【案例 1】创建数据库。
要求：建立空的"图书管理系统"数据库文件。
操作步骤：
（1）选择"文件"选项卡，单击"新建"菜单，单击"空白桌面数据库"按钮，如图 6-1 所示。

图 6-1　创建"空白桌面数据库"

（2）在弹出的"空白桌面数据库"对话框中，输入数据库的名称"图书管理系统"，选择保存路径如图 6-2 所示，单击"创建"按钮，打开数据库窗口，如图 6-3 所示。

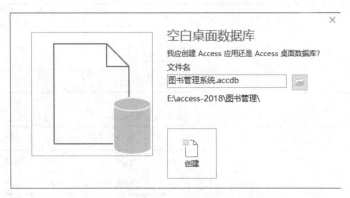

图 6-2　"空白桌面数据库"对话框

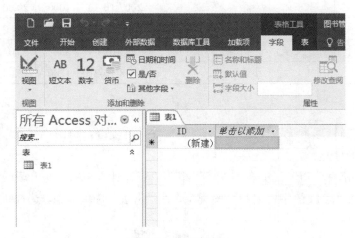

图 6-3　数据库窗口

此时的"图书管理系统"数据库中，不包含任何数据库对象，是空数据库。

（3）选择"文件"选项卡，单击"关闭"菜单，关闭"图书管理系统"数据库。

【案例 2】创建"图书表"。

要求：在"图书管理系统"数据库中创建"图书表"，表的结构如表 6-1 所示，表记录如表 6-2 所示。

表 6-1　"图书表"的结构

| 字段 | 字段名 | 类型 | 宽度 | 小数位 | 索引 |
| --- | --- | --- | --- | --- | --- |
| 1 | 书号 | 短文本 | 5 | | 主索引 |
| 2 | 书名 | 短文本 | 20 | | |
| 3 | 出版社 | 短文本 | 16 | | |
| 4 | 书类 | 短文本 | 6 | | |
| 5 | 作者 | 短文本 | 14 | | |

续表

| 字段 | 字段名 | 类型 | 宽度 | 小数位 | 索引 |
|---|---|---|---|---|---|
| 6 | 出版日期 | 日期/时间型 | 8 | | |
| 7 | 库存 | 数字 | 整型 | | |
| 8 | 单价 | 数字 | 单精度型 | 2 | |
| 9 | 备注 | 长文本 | 最多 65536 | | |

表 6-2 "图书表"的记录

| 书号 | 书名 | 出版社 | 书类 | 作者 | 出版日期 | 库存 | 单价 | 备注 |
|---|---|---|---|---|---|---|---|---|
| s0001 | 傲慢与偏见 | 海南 | 小说 | 简·奥斯汀 | 2009-02-04 | 2300 | 23.5 | 已预定 300 册 |
| s0002 | 安妮的日记 | 译林 | 传记 | 安妮 | 2008-05-08 | 1500 | 18.5 | |
| s0003 | 悲惨世界 | 人民文学 | 小说 | 雨果 | 2007-08-09 | 1200 | 30.00 | |
| s0004 | 都市消息 | 三联书店 | 百科 | 红丽 | 2007-10-12 | 1000 | 20.00 | |
| s0005 | 黄金时代 | 花城 | 百科 | 崔晶 | 2009-05-25 | 800 | 15.00 | |
| s0006 | 我的前半生 | 人民文学 | 传记 | 溥仪 | 1995-08-09 | 850 | 9.00 | |
| s0007 | 茶花女 | 译林 | 小说 | 小仲马 | 1998-10-21 | 1300 | 35.00 | |

操作步骤：

1）打开"图书管理系统"数据库：选择"文件"选项卡，单击"打开"菜单，选择需打开的数据库，单击打开。

2）选择"创建"选项卡，单击"表格"组的"表设计"按钮，打开表设计视图，在表设计视图中依次输入各字段的字段名和字段类型，在"常规"选项卡中，选择相应字段的长度及索引，如图 6-4 所示。

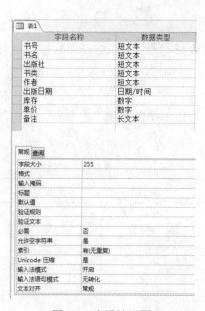

图 6-4 表设计视图

3）创建主索引：选择"设计"选项卡，单击"索引"按钮，弹出"索引"对话框，如图6-5 所示，在对话框中，设置"书号"字段为主索引，关闭"索引"对话框。

图 6-5    "索引"对话框

4）输入记录：选择"开始"选项卡，单击"视图"组中的"数据表视图"，从"设计视图"切换到"数据表"视图，在数据表视图中输入如表 6-2 所示的"图书表"的记录。

5）保存表：关闭表设计视图，在弹出的"另存为"对话框中，输入表文件名，如图 6-6 所示，单击"确定"按钮，保存表，"图书表"创建完成。

图 6-6    "另存为"对话框

【案例 3】导入 Excel 表到数据库中。

要求：将图 6-7 所示的"顾客表"导入到"图书管理系统"数据库中。

| | A | B | C | D |
|---|---|---|---|---|
| 1 | 书号 | 顾客号 | 订购日期 | 册数 |
| 2 | s0001 | g0005 | 2008/12/5 | 800 |
| 3 | s0002 | g0002 | 2009/8/9 | 300 |
| 4 | s0002 | g0001 | 2008/12/10 | 800 |
| 5 | s0003 | g0003 | 2007/12/10 | 400 |
| 6 | s0003 | g0004 | 2007/9/10 | 400 |
| 7 | s0004 | g0001 | 2008/12/1 | 500 |
| 8 | s0004 | g0005 | 2009/8/9 | 300 |
| 9 | s0006 | g0006 | 2010/1/20 | 500 |
| 10 | s0006 | g0006 | 2010/2/20 | 200 |
| 11 | s0007 | g0004 | 1999/1/5 | 550 |
| 12 | s0007 | g0003 | 1999/5/20 | 300 |

图 6-7    顾客表

操作步骤：

1）创建如图 6-7 所示的 Excel 表文件"顾客表.xlsl"。

2）打开"图书管理系统"数据库。

3）选择"外部数据"选项卡，单击"导入并链接"组中的 Excel 按钮，打开"获取外部数据-Excel 电子表格"对话框，如图 6-8 所示，单击"浏览"按钮，选择要导入的 Excel 文件，选择"将数据导入当前数据库的新表中"选项，单击"确定"按钮，弹出"导入数据表向导"对话框，如图 6-9 所示。

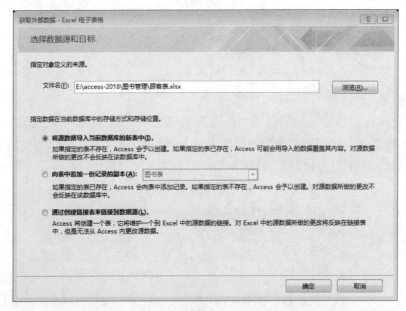

图 6-8　"获取外部数据-Excel 电子表格"对话框

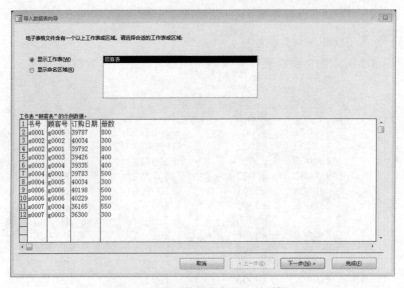

图 6-9　"导入数据表向导"对话框-1

4）在如图 6-9 所示的"导入数据表向导"对话框中，选择"显示"工作表选项，单击"下一步"按钮。

5）在弹出的"导入数据表向导"对话框中，如图 6-10 所示，勾选"第一行包含列标题"选项，单击"下一步"按钮。

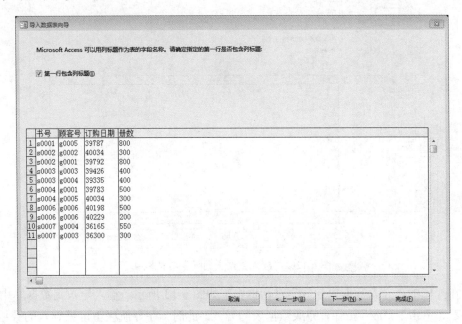

图 6-10　"导入数据表向导"对话框-2

6）在弹出的"导入数据表向导"对话框中，如图 6-11 所示，设置各字段的类型、索引，单击"下一步"按钮。

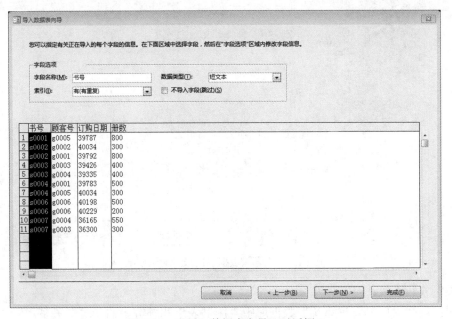

图 6-11　"导入数据表向导"对话框-3

7）在弹出的"导入数据表向导"对话框中，如图 6-12 所示，选择"不要主键"选项，单击"下一步"按钮。

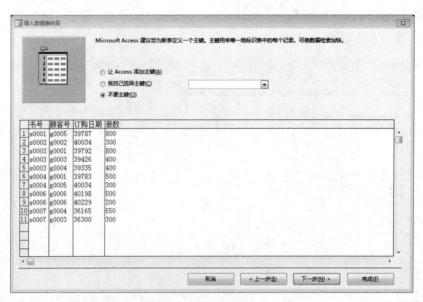

图 6-12　"导入数据表向导"对话框-4

8）在弹出的"导入数据表向导"对话框中，如图 6-13 所示，输入导入到数据库中的表名"顾客表"，单击"完成"按钮，完成数据表的导入。此时，在导航栏中可见导入的数据表"顾客表"。

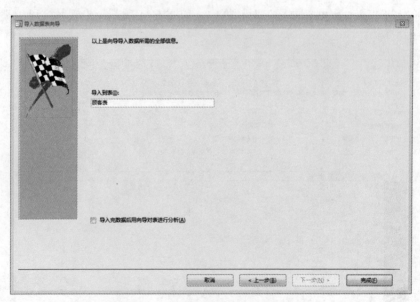

图 6-13　"导入数据表向导"对话框-5

【案例 4】建立表的关联关系。

要求：创建"图书管理系统"数据库中"图书表"和顾客表的一对多关系。

操作步骤：

1）打开"图书管理系统"数据库。

2）选择"数据库工具"选项卡，单击"关系组"中的"关系"按钮，打开"关系"窗格，同时打开"显示表"对话框，如图 6-14 所示，在"显示表"对话框中选择"图书表"，单击"添加"按钮，将"图书表"添加到"关系"对话框中，同样的方法将"顾客表"添加到"关系"对话框，关闭"显示表"对话框，此时"关系"窗格如图 6-15 所示。

图 6-14　"显示表"对话框

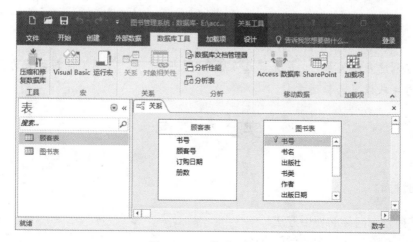

图 6-15　"关系"窗格

3）鼠标拖动"图书表"的"书号"字段到"顾客表"的"书号"字段，弹出如图 6-16 所示的"编辑关系"对话框，单击"创建"按钮，完成"图书表"和"顾客表"一对多关系的创建，如图 6-17 所示。

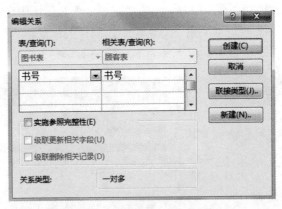

图 6-16　"编辑关系"对话框

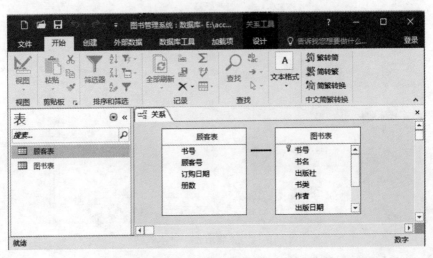

图 6-17　"图书表"与"顾客表"一对多关系

4）关闭"关系"对话框，保存关系到数据库。

注意：在创建表间关系时，应先建立索引，"图书表"的"书号"字段设置为主索引，"顾客表"的书号字段设置为普通索引。

# 实验 2　查询

## 一、实验目的

（1）掌握查询向导的使用方法。

（2）掌握查询设计视图的使用方法。

（3）掌握参数查询的创建方法。

（4）掌握多表查询的使用方法。

## 二、实验内容及步骤

【案例 1】利用查询向导创建查询。

要求：在"图书管理系统"数据库中，使用查询向导创建一个选择查询，查找"图书表"中的"书号""书名""库存"3 个字段的内容，并将查询命名为"库存情况"。

操作步骤：

1）打开"图书管理系统"数据库。

2）选择"创建"选项卡，单击"查询"组中"查询向导"按钮，启动查询向导，弹出"新建查询"对话框，如图 6-18 所示。

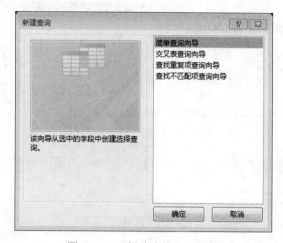

图 6-18　"新建查询"对话框

3）在"新建查询"对话框中，选择"简单查询向导"，单击"确定"按钮，弹出"简单查询向导"对话框，如图 6-19 所示。

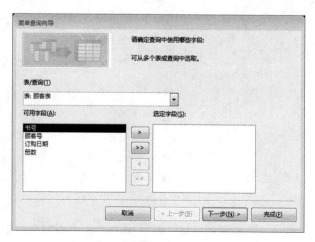

图 6-19　"简单查询向导"对话框-1

4）在如图 6-19 所示的"简单查询向导"对话框中，在"表/查询"下拉列表中选择"图书表"，选择"可用字段"列表框中的"书号""书名""库存"字段，移到"选定字段"列表框中，如图 6-20 所示，单击"下一步"按钮。

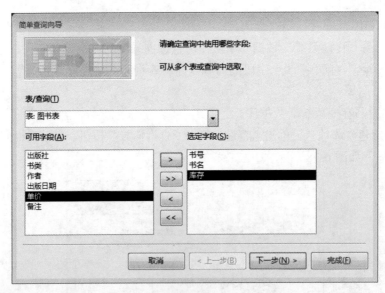

图 6-20　"简单查询向导"对话框-2

5）在如图 6-21 所示的"简单查询向导"对话框中，选择"明细"选项，单击"下一步"按钮。

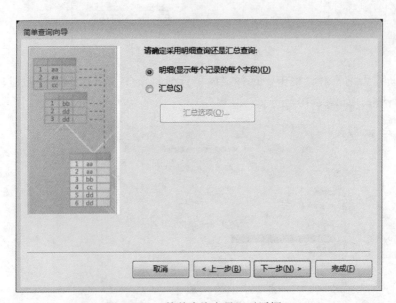

图 6-21　"简单查询向导"对话框-3

6）在如图 6-22 所示的"简单查询向导"对话框中，在"请为查询指定标题"文本框中，输入"库存情况"，单击"下一步"按钮，保存并打开查询，查询的结果如图 6-23 所示。

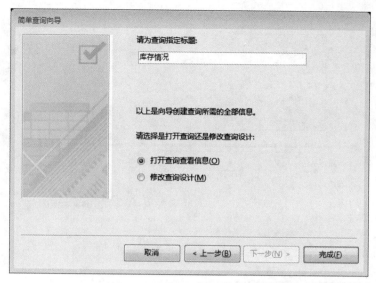

图 6-22 “简单查询向导”对话框-4

库存情况

| 书号 | 书名 | 库存 |
|---|---|---|
| s001 | 傲慢与偏见 | 2300 |
| s002 | 安妮的日记 | 1500 |
| s003 | 悲惨世界 | 1200 |
| s004 | 都市消息 | 1000 |
| s005 | 黄金时代 | 800 |
| s006 | 我的前半生 | 850 |
| s007 | 茶花女 | 1300 |
| * | | 0 |

图 6-23 查询结果

**【案例 2】** 利用“查询设计”创建“参数查询”。

要求：以“图书管理系统”数据库中的“图书表”为数据源，创建参数查询，根据输入的出版社名称，查询出版社图书信息，查询结果显示“书名”“作者”“出版日期”“出版社”。

操作步骤：

1）打开“图书管理系统”数据库。

2）选择“创建”选项卡，单击“查询”组中的“查询设计”按钮，在弹出的“显示表”对话框中，选择“图书表”添加到“查询”设计视图中。

3）在字段列表区，选择“书名”“作者”“出版日期”“出版社”字段，在“出版社”对应的条件中，输入“[请输入出版社名称：]”，如图 6-24 所示。

4）关闭“查询”设计视图，命名“出版社查询”保存该查询。双击导航窗格中的“出版社查询”对象，弹出“输入参数值”对话框，输入出版社的名称“译林”，如图 6-25 所示，单击“确定”按钮，查询结果如图 6-26 所示。

对比查询结果和数据源，可见查询结果中只显示所查询出版社的信息。

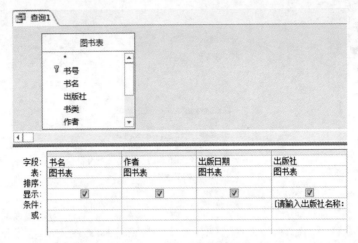

图 6-24    "查询"设计视图

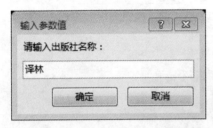

图 6-25    "输入参数值"对话框

图 6-26    查询结果

# 实验 3    窗体

## 一、实验目的

（1）掌握窗体向导的使用方法。

（2）掌握利用窗体控件创建窗体的方法。

## 二、实验内容及步骤

【案例 1】利用窗体向导创建窗体。

要求：在"图书管理系统"数据库中，利用窗体向导，创建基于"顾客表"的"顾客信息"窗体。

操作步骤：

1）打开"图书管理系统"数据库。

2）选择"创建"选项卡，单击"窗体"组的"窗体向导"按钮，启动"窗体向导"对话框，如图 6-26 所示，在"表/查询"下拉列表中选择"顾客表"，将"可用字段"列表框中的全部字段添加到"选定字段"列表框中，如图 6-27 所示，单击"下一步"按钮，弹出如图 6-28 所示的对话框。

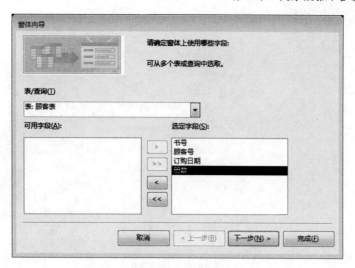

图 6-27　窗体向导 1

3）在如图 6-28 所示的对话框中，确定窗体使用的布局，这里选择"纵览表"，单击"下一步"按钮，弹出如图 6-29 所示的对话框。

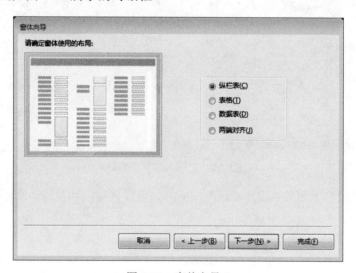

图 6-28　窗体向导 2

4）在如图 6-29 所示的对话框中，为窗体指定标题"顾客信息"，单击"完成"按钮，设计的窗体如图 6-30 所示。

以"顾客信息"命名并保存窗体。

【案例 2】窗体控件的使用。

要求：在"图书管理系统"数据库中，利用窗体控件，修改基于"顾客表"的"顾客信息"窗体。

操作步骤：

1）打开"图书管理系统"数据库。

2）选择导航窗格的窗体，双击"顾客信息"窗体，打开"顾客信息"窗体。

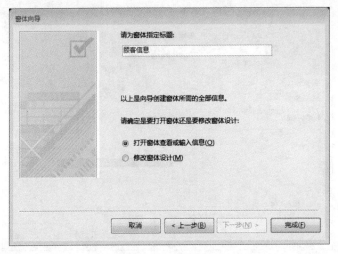

图 6-29　窗体向导 3

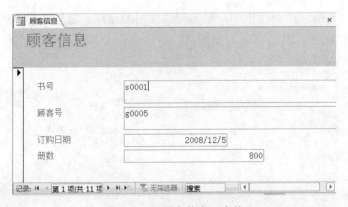

图 6-30　"顾客信息"窗体

3）单击状态栏右下角的"设计视图"按钮，将窗体视图切换到"设计视图"，如图 6-31 所示。

图 6-31　"顾客信息"窗体的设计视图

4）修改窗体控件的属性：单击窗体页眉节中的"顾客表"标签，选择"设计"选项卡，单击"属性"按钮，打开"属性表"对话框，在"属性表"对话框中，修改"顾客表"标签的相应属性，如图 6-32 所示，这里修改了前景色、字体、字体粗细、背景色属性。

图 6-32　"属性表"对话框

同样的方法，可选择"主体"节中的相应控件，根据自己的设计要求，修改其相应的属性。也可以根据设计要求，改变控件的位置，使窗体的视觉效果更佳。

5）为窗体设置日期和时间：选择"设计"选项卡，单击"日期和时间"按钮，打开"日期和时间"对话框，如图 6-33 所示，选择日期和时间的格式，单击"确定"按钮，将日期时间插入到窗体的页眉节。窗体的设计效果如图 6-34 所示。

图 6-33　"日期和时间"对话框

图 6-34　窗体的设计效果

6）添加命令按钮：在"窗体页脚"节的适当位置添加"添加记录""保存记录""退出"命令按钮。

选择"设计"选项卡，单击"控件"组中的"按钮"控件 ▭，移动鼠标到"窗体页脚"区，此时鼠标成十字光标型，拖放鼠标，命令按钮添加到窗体，同时弹出"命令按钮向导"对话框，如图 6-35 所示，在对话框中选择命令按钮执行的操作，这里"类别"选择"记录操作"，"操作"选择"添加新记录"，单击"下一步"按钮，弹出"命令按钮向导"对话框，如图 6-36 所示。

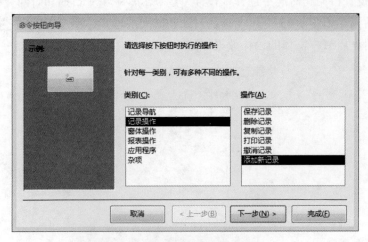

图 6-35　"命令按钮向导"对话框 1

在"命令按钮向导"对话框 2 中，确定使用图片按钮还是文字按钮，这里选择文字按钮，单击"下一步"按钮，弹出"命令按钮向导"对话框 3，如图 6-37 所示。

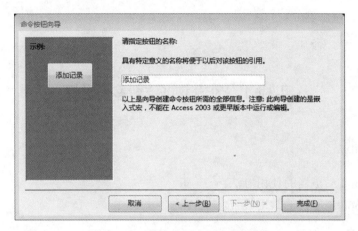

图 6-36　"命令按钮向导"对话框 2

图 6-37　"命令按钮向导"对话框 3

在图 6-37 所示的对话框中，指定按钮的名称"添加记录"，单击"完成"按钮，完成"添加记录"按钮的添加。

用同样的方法添加"保存记录""退出"命令按钮。切换到"窗体"视图，设计完成的表单如图 6-38 所示。

图 6-38　设计完成的窗体

# 第 7 章　计算机网络

**本章实验的基本要求：**

- 学会使用浏览器。
- 能够收发电子邮件。
- 学会使用搜索引擎。
- 学会下载常用软件。
- 利用网络自学。

## 实验 1　360 浏览器基本操作

### 一、实验目的

（1）掌握 360 浏览器的使用方法。
（2）掌握 360 浏览器的常用设置。

### 二、实验准备

（1）WWW 的概念。WWW 是 World Wide Web 的缩写，可译成"全球信息网"或"万维网"，有时简称 Web。WWW 是由无数的网页组合在一起的，是 Internet 上的一种基于超文本的信息检索和浏览方式，是目前 Internet 用户使用最多的信息查询服务系统。

（2）浏览器（Browser）。在互联网上浏览网页内容离不开浏览器。浏览器实际上是一个软件程序，用于与 WWW 建立连接，并与之进行通信。它可以在 WWW 系统中根据链接确定信息资源的位置，并将用户感兴趣的信息资源显示出来，对 HTML 文件进行解释，然后将文字、图像或者多媒体信息还原出来。

360 安全浏览器是 360 安全中心推出的一款基于 IE 内核的浏览器，是世界之窗开发者凤凰工作室和 360 安全中心合作的产品。和 360 安全卫士、360 杀毒等软件等产品一同成为 360 安全中心的系列产品。360 安全浏览器拥有全国最大的恶意网址库，采用恶意网址拦截技术，可自动拦截挂马、欺诈、网银仿冒等恶意网址。独创沙箱技术，在隔离模式即使访问木马也不会感染。360 安全浏览器体积小巧、速度快、极少崩溃，并拥有翻译、截图、鼠标手势、广告过滤等几十种实用功能，已成为广大网民上网的优先选择。

（3）电脑及互联网。

### 三、实验内容及步骤

1. 用 360 安全浏览器浏览 Web 网页

实验过程与内容：

（1）双击桌面上的 360 安全浏览器的图标，或单击"开始"按钮，在"开始"菜单中选择"360 安全浏览器"命令，即可打开"360 安全浏览器"窗口。如图 7-1 所示。

图 7-1　"360 安全浏览器"窗口

（2）在地址栏中输入要浏览的 Web 站点的 URL（统一资源定位符）地址，可以打开其对应的 Web 主页。

操作提示：

URL 地址是 Internet 上 Web 服务程序中提供访问的各类资源的地址，是 Web 浏览器寻找特定网页的必要条件。每个 Web 站点都有唯一的一个 Internet 地址，简称为网址，其格式都应符合 URL 格式的约定。

（3）在打开的 Web 网页中，常常会有一些文字、图片、标题等，将鼠标放到其上面，鼠标指针会变成"🖑"形，这表明此处是一个超链接。单击该超链接，即可进入其所指向的新的 Web 页。

（4）在浏览 Web 页中，若用户想回到上一个浏览过的 Web 页，可单击工具栏上的"后退"按钮 ←；若想转到下一个浏览过的 Web 页，可单击"前进"按钮 →。

2. 使用"收藏夹"快速打开站点

操作提示：

若用户想快速打开某个 Web 站点，可单击地址栏右侧的下拉按钮，在下拉列表中选择该 Web 站点地址即可，或者使用"收藏夹"来完成。

实验过程与内容：

（1）单击工具栏上的"收藏"→"添加到收藏夹"命令，如图 7-2 所示。在弹出的如图 7-3 所示的"添加到收藏夹"对话框。

图 7-2　"收藏"菜单

图 7-3　"添加到收藏夹"对话框

（2）在"网页标题"文本框中输入标题，单击"确定"按钮，将该 Web 站点地址添加到收藏夹中。

（3）当一个新站点添加成功后，工具栏上的"收藏夹"按钮 旁边的列表中就会增加该站点的名字，方便用户快速使用。如图 7-4 所示。单击"收藏夹"菜单，在其下拉菜单中选择该 Web 站点地址即可快速打开该 Web 网页。如图 7-5 所示。

⭐收藏 ▾ ▢手机收藏夹 ▯谷歌 ➕网址大全 ○360搜索 Ⓖ游戏中心 ▯沈阳大学

图 7-4　工具栏上的"收藏"列表

图 7-5　"收藏"菜单

操作提示：

直接按 Ctrl+D 快捷键，可快速将当前 Web 网页保存到收藏夹中。

3. 用 360 安全浏览器查看历史记录

实验过程与内容：

想看浏览过的站点，可以在菜单栏找到"工具"菜单，单击第一项"历史"即可。如图 7-6 所示。

图 7-6　"工具"菜单下的"历史"选项

　　单击"历史"选项，会打开"历史记录"窗口，用户可以很方便地查看曾经浏览过的网页。如图 7-7 所示。

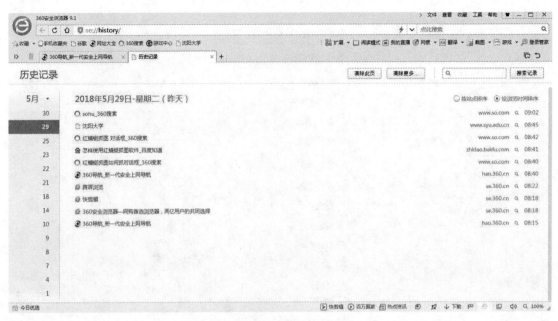

图 7-7　"历史记录"窗口

**4．利用 360 浏览器清除上网痕迹**

实验过程与内容：

想清除上网痕迹，可以在菜单栏找到"工具"菜单，单击"清除上网痕迹"选项。如图 7-8 所示。

图 7-8　"工具"菜单下的"清除上网痕迹"选项

在弹出的"清除上网痕迹"对话框中勾选想清除的项目完成设置即可。如图 7-9 所示。

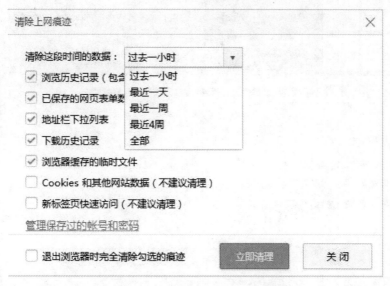

图 7-9　"清除上网痕迹"对话框

5. 利用 360 浏览器截图

实验过程与内容：

打开"360 安全浏览器"，在扩展工具栏中，默认是会有截图的功能的，单击截图的图标 截图，打开就可以看到不同的截图方式，有指定区域截图、隐藏浏览器窗口指定区域截图。这里选择"指定区域截图"。如图 7-10 所示。

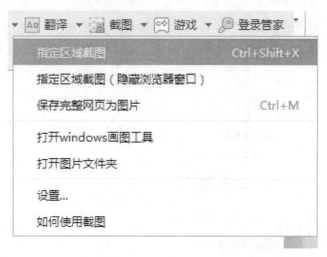

图 7-10　"截图"菜单

单击"指定区域截图"后，截图工具会划定一个区域让用户截图。用户可以在这区域里随便截图。如图 7-11 所示。

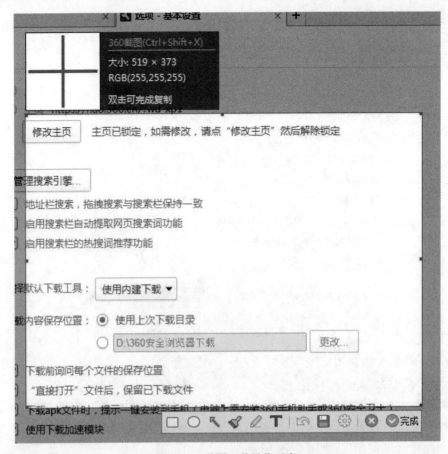

图 7-11　截图工具操作示意

除了单击扩展栏打开"截图"工具，还可以通过快捷键来打开，默认打开截图的快捷键是 Ctrl+Shift+X，如果用户觉得这个快捷键不好，可以在"截图"菜单栏中选择"设置"。如图 7-12 所示。

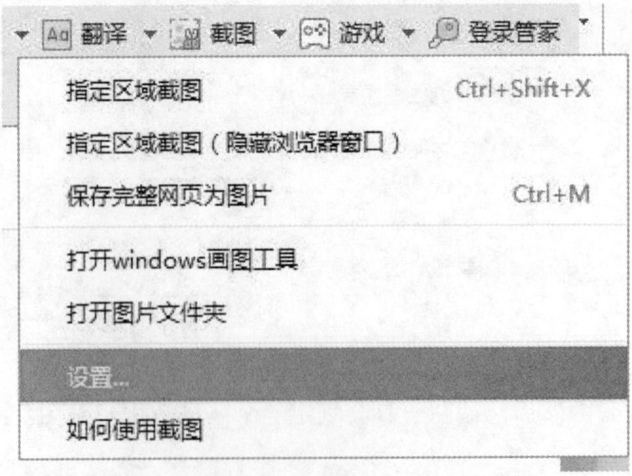

图 7-12　"截图"菜单中的"设置"选项

打开"设置"对话框之后，可以看到快捷键的设置界面，用户可以自行修改截图的快捷键了。如图 7-13 所示。

图 7-13　"设置"对话框

### 6．修改 360 浏览器主页

打开浏览器，单击右上角"工具"菜单，选择"选项"，如图 7-14 所示。在弹出的窗口中单击"修改主页"，输入你想设置的主页网址，单击"确定"按钮，重启浏览器即可。如图 7-15 所示。

图 7-14　"工具"菜单项"选项"项

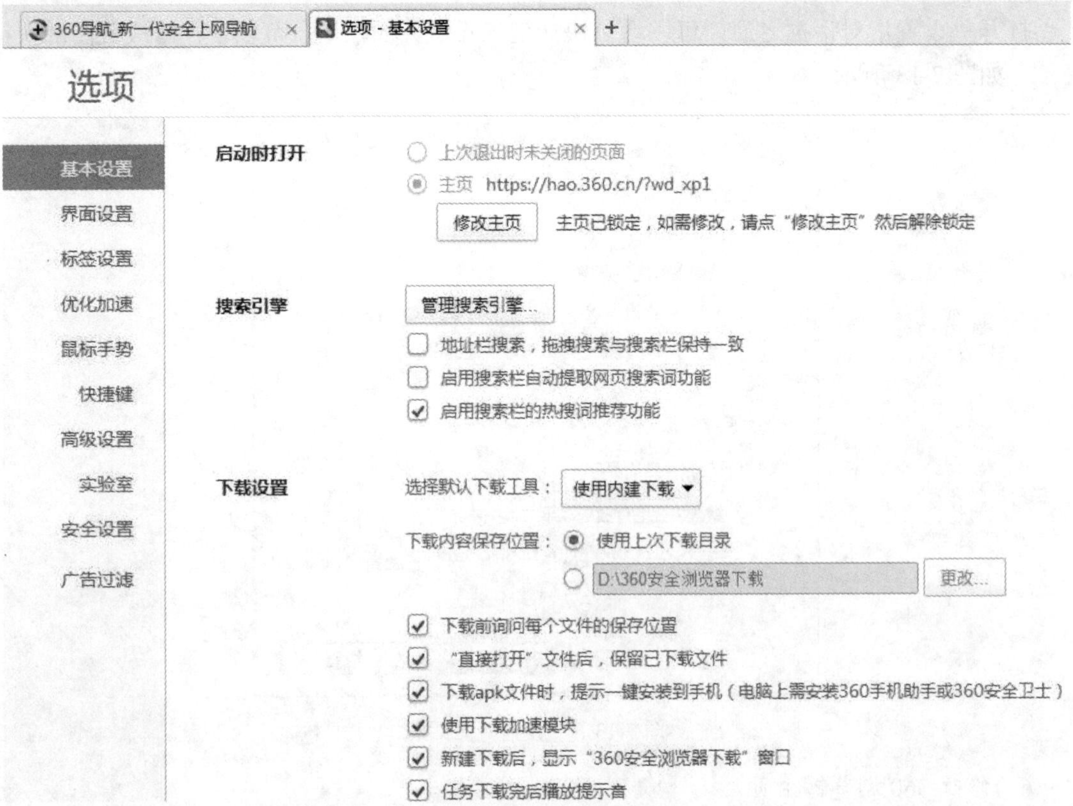

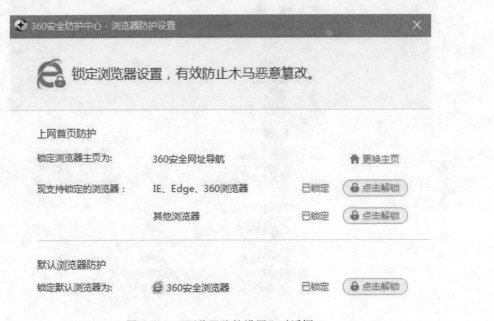

图 7-15    "选项"窗口

如果还没有改过来的话，可能是 360 安全卫士锁定了主页，解锁即可，解锁方法如下：
单击"修改主页"按钮，会弹出"浏览器防护设置"对话框，如图 7-16 所示。

图 7-16    "浏览器防护设置"对话框

单击相应的"单击解锁"按钮，解锁锁定，并输入新的主页，如图 7-17 所示。

图 7-17　设置浏览器新的主页

同时，还可以设置默认的浏览器是哪一个。如图 7-18 所示。

图 7-18　默认浏览器的选择

### 7.　360 浏览器常用快捷键
对于经常使用 360 浏览器浏览网页的人来说熟知快捷键是很有必要的。

- Ctrl+Tab、Ctrl+Shift+Tab　切换标签
- Ctrl+K　复制标签
- Ctrl+W、Ctrl+F4　关闭当前标签
- Ctrl+Shift+W　关闭所有标签
- Esc　停止当前页面
- Ctrl+F5　强制刷新当前页面
- Ctrl+Shift+M　浏览器静音
- Ctrl+A　全部选中当前页面内容（Ctrl+5 也有同样的效果）
- Ctrl+B　显示/隐藏收藏栏
- Ctrl+C　复制当前选中内容
- Ctrl+D　添加收藏
- Ctrl+E　撤销（亦称 360 安全浏览器中的"后悔药"！）
- Ctrl+F　查找
- Ctrl+N　新建窗口
- Ctrl+O　打开文件
- Ctrl+P　打印
- Ctrl+Q　默认为老板键（隐藏浏览器）
- Ctrl+R　搜索选定的关键字
- Ctrl+S　保存网页
- Ctrl+T　打开一个空白页标签
- Ctrl+Shift+S　显示/隐藏侧边栏
- Ctrl+M　另存为
- Ctrl+V　粘贴
- Ctrl+X　剪切
- Ctrl+小键盘"+"　当前页面放大 5%
- Ctrl+小键盘"-"　当前页面缩小 5%
- Ctrl+Alt+F　禁用/开启 Flash
- Ctrl+Shift+W　关闭所有标签
- Ctrl+单击页面链接　在新标签访问链接
- Ctrl+向上滚动鼠标滚轮　放大页面
- Ctrl+向下滚动鼠标滚轮　缩小页面
- Ctrl+Alt+滚动鼠标滚轮　恢复页面到 100%
- Ctrl+Alt+单击页面元素　保存页面元素
- Ctrl+Alt+Shift+单击页面元素　显示元素地址

注意：F1～F12 会因为设置了"热键网址"而失效！

- F2　使标签向左移动
- F3　使标签向右移动

- F4　　关闭当前标签
- F5　　刷新当前网页
- F6　　显示输入过的网址历史
- F11　让 360 安全浏览器全屏显示（再按一次则是取消全屏模式）
- Tab　　在当前页面中，焦点移动到下一个项目
- 空格键　　窗口向下移动半个窗口的距离
- Alt+B　　展开收藏夹列表
- Alt+D　　输入焦点移到地址栏
- Alt+F　　展开文件菜单
- Alt+T　　展开工具菜单
- Alt+V　　展开查看菜单
- Alt+Z　　重新打开并激活到最近关闭的页面（窗口）
- Alt+F4　　关闭 360 安全浏览器
- Shift+F5　　刷新所有页面
- Shift+F10　　打开右键快捷菜单
- Shift+Esc　　停止载入所有页面
- Shift+Tab　　在当前页面中，焦点移动到上一个项目
- Shift+单击超链接　　在新窗口中打开该链接

# 实验 2　利用邮箱收发邮件

## 一、实验目的

（1）掌握如何申请免费电子邮箱。

（2）掌握利用免费电子邮箱收发邮件。

## 二、实验准备

目前，国际、国内的很多网站都提供了各有特色的电子邮箱服务，而且均有收费和免费版本。比较著名的有：HotMail（username@hotmail.com）、新浪（username@sina.com.cn）、搜狐（username@sohu.com）、首都在线（username@263.net）、网易（username@163.com）等。以下步骤以"网易"的邮箱申请为例。

## 三、实验内容及步骤

1. 登录免费电子邮箱

实验过程与内容：

（1）登录到网易的网站主页，单击"注册免费邮箱"，如图 7-19 所示。

图 7-19　"网易"主页

（2）打开注册网易免费邮箱网页，如图 7-20 所示，选择"注册字母邮箱"（也可选择"注册手机号码邮箱"和"注册 VIP 邮箱"，其中 VIP 邮箱是付费邮箱），填入你喜欢的邮箱地址名称（只能填字母数字和下划线，确保不和他人重复，如有重复系统会自动提示），再输入密码和验证码，单击"立即注册"即可。

图 7-20　注册网易免费邮箱网页

（3）随后可以看到注册成功，以后就可以用此邮箱名和设定好的密码登录自己的网易邮箱了。

**2. 使用免费电子邮箱收发 E-mail**

实验过程与内容：

（1）进入网易首页，单击页面顶部的"登录"，填入邮箱名和密码，进入"电子邮箱"首页。如图 7-21 所示。

图 7-21　网易免费邮箱首页

（2）接收邮件。

● 单击"收信"→"收件箱"，可以查看收件箱中接收的所有邮件的发件人、主题、时间等信息，如图 7-22 所示。

图 7-22　收件箱

● 单击邮件主题，查看邮件内容。如图 7-23 所示。

图 7-23 查看邮件内容

● 对有附件的邮件，可单击附件图标后面的"查看附件"项，跳转到附件所在位置，鼠标放置其上，会显示如图 7-24 所示的菜单，可具体选择如何继续操作。

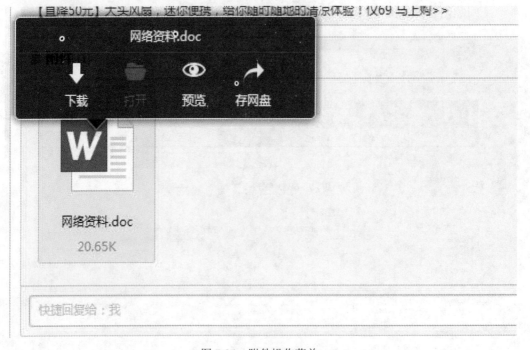

图 7-24 附件操作菜单

（3）编辑并发送邮件。

● 单击"写信"按钮，进入邮件的编辑窗口，如图 7-25 所示。

图 7-25　写信页面

● 在"收件人"文本框输入收件人地址，"主题"文本框输入邮件的主题，在邮件编辑
区输入邮件的正文。

● 如果有文件需要传送，可以单击"添加附件"，打开"选择文件"对话框，选择作为
附件的文件，单击"打开"按钮。

● 单击"发送"按钮，如果成功，则会出现"邮件发送成功"的系统提示。

# 实验 3　搜索引擎的使用

## 一、实验目的

（1）掌握搜索引擎的使用方法。
（2）了解常用的网络下载方式，并能熟练使用一种下载软件。

## 二、实验准备

### 1. 了解搜索引擎

搜索引擎（Search Engine）是 Internet 上具有查询功能的网页的统称，是开启网络知识殿
堂的钥匙，获取知识信息的工具。随着网络技术的飞速发展，搜索技术的日臻完善，中外搜索
引擎已广为人们熟知和使用。任何搜索引擎的设计，均有其特定的数据库索引范围，独特的功
能和使用方法，以及预期的用户群指向。它是一些网络服务商为网络用户提供的检索站点，它

收集了网上的各种资源，然后根据一种固定的规律进行分类，提供给用户进行检索。互联网上信息量十分巨大，恰当地使用搜索引擎可以帮助我们快速找到自己需要的信息。

2. 常用的中文搜索引擎

百度中文搜索引擎（http://www.baidu.com）、360 搜索引擎、网易搜索引擎（http://www.163.com）等。

### 三、实验内容及步骤

1. 使用"百度"搜索引擎查找资料

实验过程与内容：

（1）打开"百度"主页，如图 7-26 所示。

图 7-26　百度搜索引擎主页

（2）关键字检索：在百度主页的检索栏内输入关键字串，单击"百度一下"按钮，百度搜索引擎会搜索中文分类条目、资料库中的网站信息以及新闻资料库，搜索完毕后将检索的结果显示出来，单击某一链接查看详细内容。百度会提供符合全部查询条件的资料，并把最相关的网页排在前列。

输入搜索关键词时，输入的查询内容可以是一个词语、多个词语或一句话。例如：可以输入"李白""歌曲下载""蓦然回首，那人却在灯火阑珊处。"等。

（3）百度搜索引擎严谨认真，要求搜索词"一字不差"。例如：分别使用搜索关键词"核心"和"何欣"，会得到不同的结果。因此在搜索时，可以使用不同的词语。

（4）如果需要输入多个词语搜索，则输入的多个词语之间用一个空格隔开，可以获得更精确的搜索结果。

（5）使用"百度"搜索时不需要使用符号"AND"或"+"，百度会在多个以空格隔开的词语之间自动添加"+"。

（6）使用"百度"搜索可以使用减号"-"，但减号之前必须输入一个空格。这样可以排除含有某些词语的资料，有利于缩小查询范围，有目的地删除某些无关网页。

例如，要搜寻关于"武侠小说"，但不含"古龙"的资料，可使用如下查询："武侠小说 – 古龙"

（7）并行搜索：使用"A|B"来搜索"或者包含词语 A，或者包含词语 B"的网页。

例如：您要查询"图片"或"写真"的相关资料，无须分两次查询，只要输入"图片|写真"搜索即可。百度会提供与"|"前后任何字词相关的资料，并把最相关的网页排在前列。

（8）相关检索：如果无法确定输入什么词语才能找到满意的资料，可以使用百度相关检索。即先输入一个简单词语搜索，然后，百度搜索引擎会提供"其他用户搜索过的相关搜索词语"作参考。这时单击其中的任何一个相关搜索词，都能得到与那个搜索词相关的搜索结果。

（9）百度快照：百度搜索引擎已先预览各网站，拍下网页的快照，为用户贮存大量的应急网页。单击每条搜索结果后的"百度快照"，可查看该网页的快照内容。

百度快照不仅下载速度极快，而且搜索用的词语均已用不同颜色在网页中标明。

# 实验 4　利用 360 软件管家下载常用软件

## 一、实验目的

（1）掌握 360 软件管家下载软件的方法。
（2）掌握 360 软件管家卸载软件的方法。

## 二、实验准备

360 软件管家是360 安全卫士中提供的一个集软件下载、更新、卸载、优化于一体的工具。由软件厂商主动向360 安全中心提交的软件，经 360 工作人员审核后公布。这些软件更新时，360 用户能在第一时间内更新到最新版本。360 安全卫士如图 7-27 所示。选择"软件管家"项，弹出"软件管家"界面，如图 7-28 所示。

通过"软件管家"，用户可以完成如下操作：

（1）软件升级。将当前电脑的软件升级到最新版本。新版具有一键安装功能，用户设定目录后可自动安装，适合多个软件无人值守安装。

（2）软件卸载。卸载当前电脑上的软件，可以强力卸载，清除软件残留的垃圾，往往杀毒软件、大型软件不能完全卸载，剩余文件占用大量磁盘空间，这个功能能将这类垃圾文件删除。

图 7-27　360 安全卫士

图 7-28　360 软件管家

（3）手机必备。"手机必备"是经过360 安全中心精心挑选的手机软件，安卓、塞班、苹果用户可以直接进入软件下载界面，而 WM 等其他平台的手机可以通过选择类似的机型来安装适合自己的软件。

（4）软件体检。帮助用户全面检测电脑软件问题并一键修复。

## 二、实验内容及步骤

### 1. 360 软件管家下载软件方法

实验过程与内容：

以安装视频软件"爱奇艺视频"为例，介绍"软件管家"安装软件的过程。

首先打开"软件管家"，选择软件窗口上方的"宝库"项，在左侧的"宝库分类"中选择"视频软件"，会在主窗口的软件列表中列出"软件管家"中包含的所有的视频软件。选择"爱奇艺视频"，单击该软件对应的"一键安装"按钮进行安装。如图 7-29 所示。

图 7-29　软件安装界面

### 2. 360 软件管家卸载软件方法

实验过程与内容：

首先打开"软件管家"，选择软件窗口上方的"卸载"项，在左侧将显示系统中已经安装的软件列表，选择"视频软件"，会在主窗口的软件列表中，列出本系统中包含的所有的视频软件。选择"爱奇艺视频"，单击该软件对应的"一键卸载"按钮进行卸载。如图 7-30 所示。

图 7-30　利用"软件管家"卸载软件

# 实验 5　利用网络自学

## 一、实验目的

（1）掌握查找网络学习资源的方法。
（2）掌握登录、注册、使用网络学习网站的方法。

## 二、实验准备

网络作为一种重要的课程资源，具有海量、交互、共享等特性，我们可以利用网络来进行自学，下面就以一个非常优秀的自学网站"我要自学网"为例加以介绍。

"我要自学网"是由来自电脑培训学校和职业高校的老师联手创立的一个视频教学网，网站里的视频教程均由经验丰富的在职老师原创录制，同时提供各类贴心服务，让用户享受一站式的学习体验。

### 三、实验内容及步骤

**1. 查找"我要自学网"官网**

实验过程与内容：

在"百度"页面中搜索关键字"我要自学网"，在弹出列表中选择"我要自学网"官网首页。如图 7-31 所示。

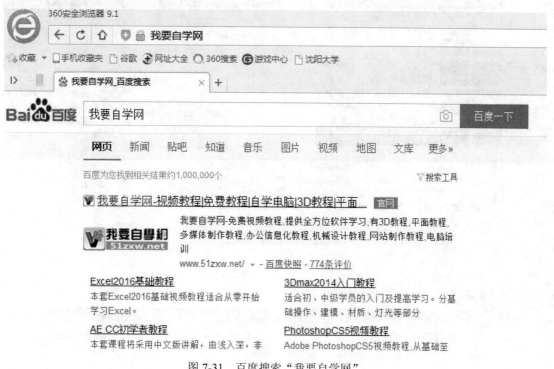

图 7-31　百度搜索"我要自学网"

用户需要登记注册为学员，便可免费观看各类视频教程（少部分 VIP 服务需要缴费）。学员除了能够免费获取视频教程以外，网站还提供了各种辅助服务，有课程板书、课程素材、课后练习、设计素材、设计欣赏、课间游戏、就业指南、论坛交流等栏目。

**2. 利用网络自学"Dreamweaver CS5 网页制作教程"**

实验过程与内容：

（1）登录"我要自学网"网站首页，如图 7-32 所示。

（2）选择"网页设计"菜单项，打开与"网页设计"相关的教学视频列表窗口。如图 7-33 所示。

（3）选择"Dreamweaver CS5 网页制作教程"进入学习教程，列表显示该网站提供的具体可选择学习的章节。如图 7-34 所示。

图 7-32　"我要自学网"首页

图 7-33　"网页设计"视频列表窗口

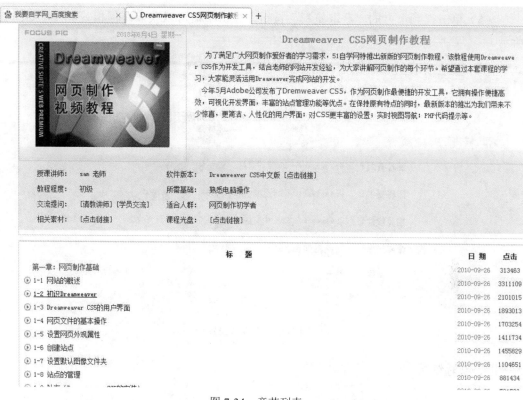

图 7-34　章节列表

（4）选择具体章节进入学习窗口。如图 7-35 所示。

图 7-35　学习窗口

（5）单击视频下方的"获取资料"按钮，注册学员可以获取课程相关资料。如图 7-36 所示。

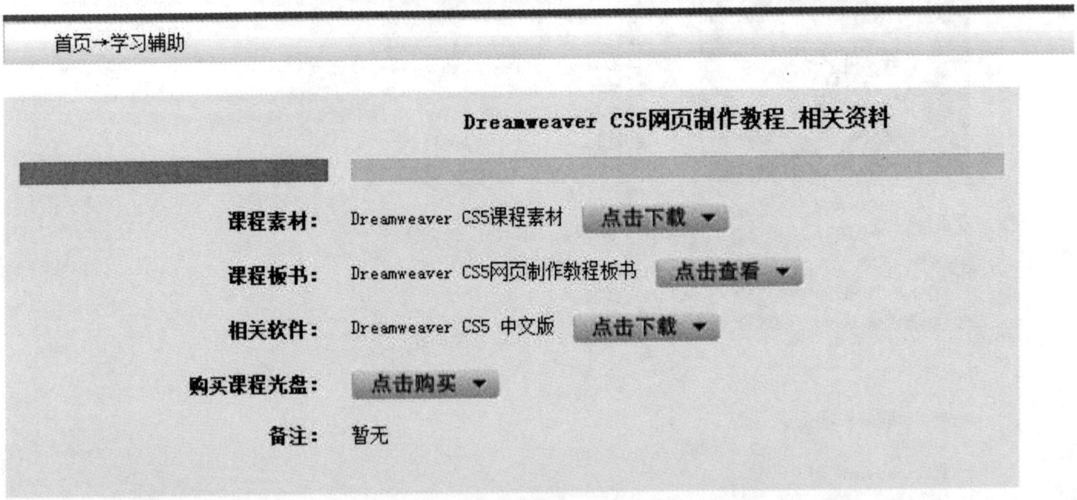

首页→学习辅助

**Dreamweaver CS5网页制作教程_相关资料**

课程素材：　Dreamweaver CS5课程素材　点击下载 ▾

课程板书：　Dreamweaver CS5网页制作教程板书　点击查看 ▾

相关软件：　Dreamweaver CS5 中文版　点击下载 ▾

购买课程光盘：　点击购买 ▾

备注：　暂无

图 7-36　下载资源窗口

### 四、实验练习

（1）申请一个免费的电子邮箱。

（2）使用免费邮箱将 Word、Excel 的综合大作业发送给任课教师。

（3）使用"360 软件管家"下载一个视频播放软件。

### 五、实验思考

（1）每次访问 Internet 时，如何避免重复输入密码？

（2）为什么要把 E-mail 附件保存到磁盘中？

（3）3. 什么类型的文件可以作为 E-mail 附件？

# 第 8 章　程序设计初步

## 一、实验目的

1. 掌握程序算法的基本概念。
2. 应用结构化程序设计方法分析问题、设计算法。
3. 掌握用流程图表示算法。

## 二、实验准备

安装了 Windows 操作系统的多媒体电脑一台。

在某个磁盘（如 E:\）下创建自己的文件夹，命名为"学号\_班级\_姓名\_Access"，用于存放练习文件。

## 三、实验内容及步骤

【案例 1】顺序结构 1。

操作要求：

编写一个算法，要求从键盘上任意输入一个长方体的长 a、宽 b、高 c，在显示器上显示出这个长方体的体积 v。

实验过程与内容：

（1）设计算法。

步骤 1：从键盘上任意输入三个数，分别给长方体的长 a、宽 b、高 c 赋值。

步骤 2：用公式计算体积，即 a×b×c＝v。

步骤 3：将 v 的值输出。

（2）N-S 流程图表示算法如图 8-1 所示。

（3）传统流程图表示算法如图 8-2 所示，具体内容请学生自行完成。

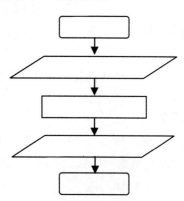

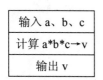

图 8-1　案例 1 的 N-S 结构流程图　　　　图 8-2　案例 1 的传统流程图

【案例2】顺序结构2。

操作要求：

编写算法，要求从键盘上任意输入一个大写字母，在显示器上显示出对应的小写字母。

实验过程与内容：

（1）设计算法。设输入的大写字母保存在变量 c 中，对应的小写字母保存在变量 d 中。

步骤1：从键盘上任意输入一个大写字母，给变量 c 赋值。

步骤2：将大写字母转换成小写字母，即 c+32→d。

步骤3：将 d 的值输出。

（2）N-S 流程图表示算法如图 8-3 所示。

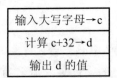

| 输入大写字母→c |
| 计算 c+32→d |
| 输出 d 的值 |

图 8-3　案例 2 的 N-S 结构流程图

（3）传统流程图表示算法如图 8-4 所示，具体内容请学生自行完成。

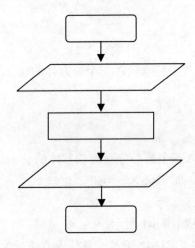

图 8-4　案例 2 的传统流程图

【案例3】顺序结构3。

操作要求：

编写算法，要求从键盘上任意输入两个整数 x 和 y，并将两个整数 x 和 y 的值互换。

实验过程与内容：

（1）设计算法。

算法一：借助第三个变量 t，将两个变量 x 和 y 的值互换。

步骤1：从键盘上任意输入两个整数，分别给变量 x 和 y 赋值。

步骤2：使 x→t。

步骤3：使 y→x。

步骤 4：使 t→y。

算法二：不借助第三个变量，将两个变量 x 和 y 的值互换。

步骤 1：从键盘上任意输入两个整数，分别给变量 x 和 y 赋值。

步骤 2：使 x+y→x。

步骤 3：使 x-y→y。

步骤 4：使 x-y→x。

（2）N-S 流程图表示算法如图 8-5 和图 8-6 所示。

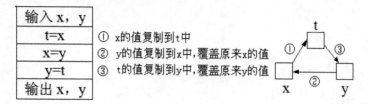

图 8-5　案例 3 算法一的 N-S 结构流程图

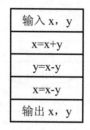

图 8-6　案例 3 算法二的 N-S 结构流程图

（3）传统流程图表示算法如图 8-7 和图 8-8 所示，具体内容请学生自行完成。

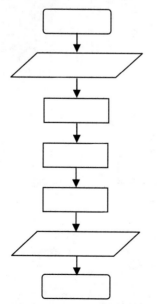

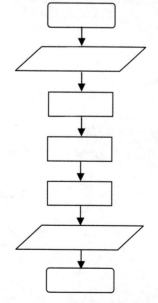

图 8-7　案例 3 算法一的传统流程图　　　　图 8-8　案例 3 算法二的传统流程图

【案例4】选择结构1。

操作要求：

编写一个算法，要求从键盘上任意输入一个数 x，按照 x 与 y 对应的关系计算 y 值，并在显示器上显示出 y 的值。

$$y = \begin{cases} x^2 + 1 & (x \le 0) \\ x^5 - 3 & (x > 0) \end{cases}$$

实验过程与内容：

（1）设计算法。

步骤1：从键盘上任意输入一个数，给 x 赋值。

步骤2：如果 x≤0 成立，则计算 $x^2+1 \rightarrow y$，转到步骤4。

步骤3：如果 x≤0 不成立，则计算 $x^5-3 \rightarrow y$，转到步骤4。

步骤4：将 y 值输出。

（2）N-S 流程图表示算法如图 8-9 所示。

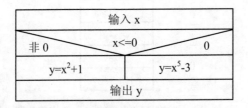

图 8-9  案例 4 的 N-S 结构流程图

（3）传统流程图表示算法如图 8-10 所示，具体内容请学生自行完成。

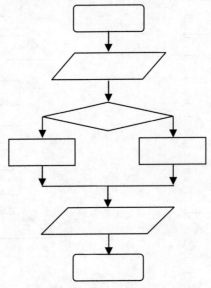

图 8-10  案例 4 的传统流程图

【**案例 5**】选择结构 2。

操作要求：

编写算法，任意输入三个整数 a、b、c，按由小到大的顺序输出。

实验过程与内容：

（1）设计算法。

步骤 1：从键盘上任意输入三个数，分别给 a、b、c 赋值。

步骤 2：如果 a>b 成立，则 a、b 的值互换。

步骤 3：如果 a>c 成立；则 a、c 的值互换。

步骤 4：如果 b>c 成立；则 b、c 的值互换。

步骤 5：输出 a、b、c 的值。

（2）N-S 流程图表示算法如图 8-11 所示。

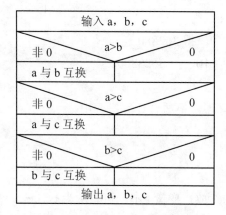

图 8-11　案例 5 的 N-S 结构流程图

（3）传统流程图表示算法如图 8-12 所示，具体内容请学生自行完成。

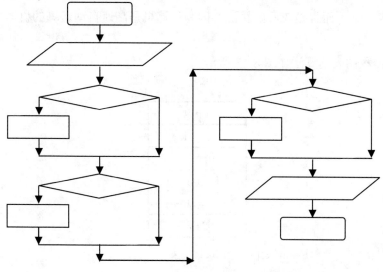

图 8-12　案例 5 的传统流程图

**【案例6】** 循环结构。

操作要求：

编写算法，求 10!。

实验过程与内容：

（1）最原始算法设计。

步骤1：先求 1×2，得到结果 2。

步骤2：将步骤1得到的乘积2乘以3，得到结果6。

步骤3：将 6 再乘以 4，得 24。

步骤4：将 24 再乘以 5，得 120。

步骤5：将 120 再乘以 6，得 720。

步骤6：将 720 再乘以 7，得 5040。

步骤7：将 5040 再乘以 8，得 40320。

步骤8：将 40320 再乘以 9，得 362880。

步骤9：将 362880 再乘以 10，得 3628800。

提示：

该算法虽然正确，但太繁琐，不适合计算机应用。

（2）改进的算法设计。

步骤1：使 $1 \rightarrow t$。

步骤2：使 $2 \rightarrow i$。

步骤3：使 $t \times i$，乘积仍然放在变量 t 中，可表示为 $t \times i \rightarrow t$。

步骤4：使 i 的值+1，即 $i+1 \rightarrow i$。

步骤5：如果 i≤10，返回重新执行步骤3以及其后的步骤4和步骤5；否则，算法结束。

提示：

该算法不仅正确，而且是较好的算法，因为计算机是高速自动运算的机器，实现循环轻而易举。

（3）N-S 流程图表示算法如图 8-13 所示。

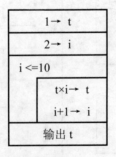

图 8-13　案例 6 的 N-S 结构流程图

（4）传统流程图表示算法如图 8-14 所示，具体内容请学生自行完成。

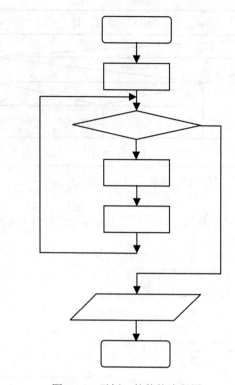

图 8-14　示例 6 的传统流程图

【案例 7】综合应用。

操作要求：

编写算法，判定 2000～2500 年中的每一年是否闰年，将结果输出。

闰年的条件：

（1）能被 4 整除，但不能被 100 整除的年份；

（2）能被 100 整除，又能被 400 整除的年份。

实验过程与内容：

（1）设计算法。设 y 为被检测的年份。

步骤 1：2000→y。

步骤 2：y 不能被 4 整除，则输出 y "不是闰年"，然后转到步骤 5。

步骤 3：若 y 能被 4 整除，不能被 100 整除，则输出 y "是闰年"，然后转到步骤 5。

步骤 4：若 y 能被 100 整除，又能被 400 整除，输出 y 是"闰年"；否则输出 y "不是闰年"，然后转到步骤 5。

步骤 5：y+1→y。

步骤 6：当 y≤2500 时，返回步骤 2 继续执行，否则，结束。

（2）N-S 流程图表示算法如图 8-15 所示。

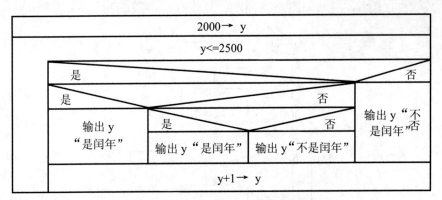

图 8-15　案例 7 的 N-S 结构流程图

（3）传统流程图表示算法如图 8-16 所示，具体内容请学生自行完成。

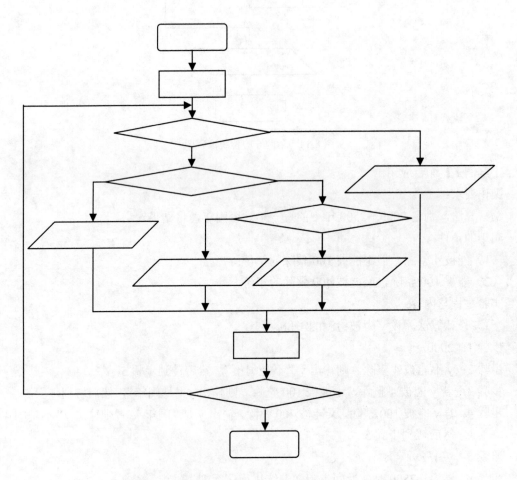

图 8-16　案例 7 的传统流程图

### 四、实验练习

分别用 N-S 结构流程图和传统流程图表示以下各程序的算法。

（1）输入三角形的三边长，求三角形面积。

为简单起见，设输入的三边长 a，b，c 能构成三角形。已知三角形面积的公式为：s=(a+b+c)/2，$area = \sqrt{s(s-a)(s-b)(s-c)}$ 。

（2）任意输入三个实数 a、b、c，计算出 d=a+b/c 的值。

（3）任意输入两个整数 a 和 b，如果 a>b，则输出 a-b；否则，输出 a+b。

（4）求 s=1+11+111+1111+…的前 n 项和。

（5）s=1+2+…+n，求当 s 不大于 4000 时，最大的 n 值。

### 五、实验思考

（1）如果计算 100！，如何修改案例 1 的算法？

（2）设计求 1×3×5×7×9×11 的算法。

（3）绘制流程图应该包含哪些要素？

# 参考文献

[1] 张宇．计算机基础与应用（第二版）．北京：中国水利水电出版社，2014．

[2] 华文科技．新编 Word/Excel/PPT 商务办公应用大全．北京：机械工业出版社，2017．

[3] 李彤，张立波，贾婷婷．Word/Excel/PPT 2016 商务办公从入门到精通．北京：电子工业出版社，2016．

[4] John Walkenbach．中文版 Excel 2016 宝典（第九版）．赵利通，卫琳，译．北京：清华大学出版社，2016．

[5] 谭浩强．Access 基础与应用[M]．北京：清华大学出版社，2008．